高技能人才培训丛书 | 丛书主编　李长虹

智能楼宇管理员（高级）技能实训
——消防自动化系统

张自忠　张清良　张饶丹　王庆江　编著

U0315042

中国电力出版社
CHINA ELECTRIC POWER PRESS

内 容 提 要

本书采用任务引领训练模式编写，以工作过程为导向，以岗位技能要求为依据，以典型工作任务为载体，训练任务来源于企业真实的工作岗位。

本书从智能楼宇管理员（高级）从业人员的职业能力目标出发，分为 14 个训练任务，每个任务均由任务来源、任务描述、能力目标、任务实施、效果评价、相关知识与技能、练习与思考几部分组成。训练实施采用目标、任务、准备、行动、评价五步训练法，涵盖从任务（问题）来源到分析问题、解决问题、效果评价的完整学习活动。

本书既可作为职业院校或企业员工培训的教材，也可供一线从业人员提升技能使用，还可作为从事职业教育与职业培训课程开发人员的参考书。

图书在版编目（CIP）数据

智能楼宇管理员（高级）技能实训 . 消防自动化系统/张自忠等编著 . —北京：中国电力出版社，2018.5

（高技能人才培训丛书/李长虹主编）

ISBN 978-7-5198-1827-2

Ⅰ . ①智… Ⅱ . ①张… Ⅲ . ①智能化建筑－消防－自动化系统－岗位培训－教材 Ⅳ . ① TU18

中国版本图书馆 CIP 数据核字（2018）第 044860 号

出版发行：中国电力出版社
地 址：北京市东城区北京站西街 19 号（邮政编码 100005）
网 址：http://www.cepp.sgcc.com.cn
责任编辑：杨 扬
责任校对：常燕昆
装帧设计：赵姗姗
责任印制：杨晓东

印 刷：北京雁林吉兆印刷有限公司
版 次：2018 年 5 月第一版
印 次：2018 年 5 月北京第一次印刷
开 本：787 毫米×1092 毫米 16 开本
印 张：10
字 数：264 千字
印 数：0001—2000 册
定 价：35.00 元

编 委 会

　　国务院《中国制造 2025》提出"坚持把人才作为建设制造强国的根本，建立健全科学合理的选人、用人、育人机制，加快培养制造业发展急需的专业技术人才、经营管理人才、技能人才。营造大众创业、万众创新的氛围，建设一支素质优良、结构合理的制造业人才队伍，走人才引领的发展道路"。随着我国新型工业化、信息化同步推进，高技能人才在加快产业优化升级，推动技术创新和科技成果转化发挥了不可替代的重要作用。经济新常态下，高技能人才应掌握现代技术工艺和操作技能，具备创新能力，成为技能智能兼备的复合型人才。

　　《高技能人才培训丛书》由嵌入式系统设计应用、PLC 控制系统设计应用、智能楼宇技术应用、产品造型设计应用、工业机器人设计应用等近 20 个课程组成。丛书课程的开发，借鉴了当今国外发达国家先进的职业培训理念，坚持以工作过程为导向，以岗位技能要求为依据，以典型工作任务为载体，训练任务来源于企业真实的工作岗位。在高技能人才技能培养的课程模式方面，可谓是一种创新、高效、先进的课程，易理解、易学习、易掌握。丛书的作者大多来自企业，具有丰富的一线岗位工作经验和实际操作技能。本套丛书既可供一线从业人员提升技能使用，也可作为企业员工培训或职业院校的教材，还可作为从事职业教育与职业培训课程开发人员的参考书。

　　当今，职业培训的理念、技术、方法等不断发展，新技术、新技能、新经验不断涌现。这套丛书的成果具有一定的阶段性，不可能一劳永逸，要在今后的实践中不断丰富和完善。互联网技术的不断创新与大数据时代的来临，为高技能人才培养带来了前所未有的发展机遇，希望有更多的课程专家、职业院校老师和企业一线的技术人员，参与研究基于"互联网＋"的高技能人才培养模式和课程体系，提高职业技能培训的针对性和有效性，更好地为高技能人才培养提供专业化的服务。

全国政协委员
深圳市设计与艺术联盟主席
深圳市设计联合会会长

丛 书 序

智能楼宇管理员（高级）技能实训——消防自动化系统

　　《高技能人才培训丛书》由近 20 个课程组成，涵盖了嵌入式系统设计应用、PLC 控制系统设计应用、智能楼宇技术应用、工业控制网络设计应用、三维电气工程设计应用、产品造型设计应用、产品结构设计应用、工业机器人设计应用等职业技术领域和岗位。

　　《高技能人才培训丛书》采用典型的任务引领训练课程，是一种科学、先进的职业培训课程模式，具有一定的创新性，主要特点如下：

　　先进性。任务引领训练课程是借鉴国内外职业培训的先进理念，基于"任务引领一体化训练模式"开发编写的。从职业岗位的工作任务入手，设计训练任务（课程），采用专业理论和专业技能一体化训练考核，体现训练过程与生产过程零距离，技能等级与职业能力零距离。

　　有效性。训练任务来源于企业岗位的真实工作任务，大大提高了操作技能训练的有效性与针对性。同时，每个训练任务具有相对独立性的特征，可满足学员个性能力需求和提升的实际需要，降低了培训成本，提高了培训效益；每个训练任务具有明确的判断结果，可通过任务完成结果进行能力的客观评价。

　　科学性。训练实施采用目标、任务、准备、行动、评价五步训练法，涵盖从任务（问题）来源到分析问题、解决问题、效果评价的完整学习活动，尤其是多元评价主体可实现对学习效果的立体、综合、客观评价。

　　本课程的另外一个特色是训练任务（课程）具有二次开发性，且开发成本低，只需要根据企业岗位工作任务的变化补充新的训练任务，从而"高技能人才任务引领训练课程"确保训练任务与企业岗位要求一致。

　　"高技能人才任务引领训练课程"已在深圳高技能人才公共训练基地、深圳市的职业院校及多家企业使用了五年之久，取得了良好的效果，得到了使用部门的肯定。

　　"高技能人才任务引领训练课程"是由企业、行业、职业院校的专家、教师和工程技术人员共同开发编写的。可作为高等院校、行业企业和社会培训机构高技能人才培养的教材或参考用书。但由于现代科学技术高速发展，编写时间仓促等原因，难免有错漏之处，恳请广大读者及专业人士指正。

编委会主任　李长虹

前 言

为推动智能建筑行业的智能楼宇管理职业培训和职业技能鉴定工作，在建筑智能化行业的从业人员中推行国家职业资格证书制度，依据《国家职业标准——智能楼宇管理师（试行）》（以下简称《标准》）基础上，作者参与编制了《深圳市职业技能公共实训与鉴定一体化（智能楼宇管理师）考核大纲》（以下简称《考核大纲》），并规划了中级、高级、技师的系列实训任务教程，每个技能等级均分为：综合布线系统、消防自动化系统、通信网络系统、设备监控系统、安全防范系统等 5 个专业模块。

本书紧贴《标准》和《考核大纲》，内容涵盖消防自动化系统专业模块的线路及探测器检查、更换、设备管理与维护，共设有 14 个训练任务，均以实际工作岗位的工作任务为导向，实训教学及过程评价共规划了 42 学时（不含知识准备学习时间；在职业培训中，通常每 3 学时安排 1 次课，或称为 1 个培训时段）。另外，每个任务应首先由学员自行安排至少 1 学时完成知识准备，全面掌握该任务的基本技能、知识目标和职业素质目标，才能具备该任务实施的基本条件，以确保能通过该任务的技能目标过程评价，每个任务《过程考核表》可按学习进度单页撕下交给老师用作打分和备案。本书适用于智能楼宇管理员（高级工）的培训。

本书由张自忠、张清良、张饶丹、王庆江共同编著，在深圳市高技能人才公共实训管理服务中心项目开发及教学平台上有关专家和讲师的大量工作积累下完成。其中，张自忠负责全部任务规划、技能目标提炼和活动内容审核，主持全部任务配套理论试题开发；张清良编写任务 1～5 活动内容和理论试题，以及相关知识与技能资料搜集；张饶丹编写任务 6～10 活动内容和理论试题，以及相关知识与技能资料搜集；王庆江编写任务 11～14 活动内容和理论试题，以及相关知识与技能资料搜集。本书在课程开发过程中得到了深圳第二高级技工学校和行业专家的大力支持与协助，在此一并表示衷心的感谢。

由于时间仓促以及编者水平有限，书中错误和不足之处在所难免，欢迎读者提出批评和建议。

编 者

目 录

序
丛书序
前言

任务 ①

火灾自动报警系统探测器、报警器、功能模块及控制器的连接、设置与调试

该训练任务建议用 3 个学时完成学习及过程考核。

1.1 任务来源

火灾自动报警系统探测器、报警器、功能模块及控制器的连接与调试是消防系统工程安装人员和维护人员在日常工作中应掌握的基本技能要求，是系统安装、运行过程中的基础工作。

1.2 任务描述

将设备安装连接后与火灾报警控制器一起调试，使连接在系统中的每一个设备能够成为系统的一部分。

1.3 能力目标

1.3.1 技能目标

完成本训练任务后，你应当能（够）：

1. 关键技能

- 能绘制控制器与探测器、报警器、功能模块及控制器的连接线路图。
- 会探测器、报警器、功能模块及控制器的拆卸与安装。
- 会根据连接线路图组建火灾自动报警系统。

2. 基本技能

- 能基本的手绘图。
- 具有设备安装基本技能。

1.3.2 知识目标

完成本训练任务后，你应当能（够）：

- 了解消防通信技术相关知识。
- 熟悉探测器及模块地址编码原理。
- 掌握消防系统常用器件种类名称。

1

1.3.3　职业素质目标

完成本训练任务后，你应当能（够）：

- 在器件连接时应使用符合规范的导线颜色，接触良好，防止存在导体搭地隐患。
- 在工作岗位上，能够独立进行器件编辑。
- 遵守消防器件信息更改的规则，保持严谨态度。
- 按照职业守则要求自己，做到：认真严谨，忠于职守；勤奋好学，不耻不问；钻研业务。

1.4　任务实施

1.4.1　活动一　知识准备

下列知识可以由学员自学或老师讲授完成。

（1）消防系统常用的火灾探测器有哪些？

（2）输入模块与输入输出模块有什么区别？

1.4.2　活动二　示范操作

1. 活动内容

火灾报警控制器及各种总线设备的安装、拆卸及连接，掌握各设备端子与端子之间的连接方法，达到快速拆装设备及完成连接的效率，并能够通过火灾报警控制器将这些设备组成一个正常运行的系统。

2. 操作步骤

➡ 步骤一：　火灾探测器的拆卸

- 逆时针旋转火灾探测器，将探测器从底座上拆卸下来。
- 注意观察各类探测器底座接线方式有什么不同。

➡ 步骤二：　火灾探测器的安装及连线

- 找准探测器和底座之间的固定卡位，凹凸口对齐，将探测器放入底座内，顺时针旋转探测器。
- 将智能探测器接入回路总线，非编码探测器接入 CDI 输入模块（参见图 1-1 及图 1-2）。

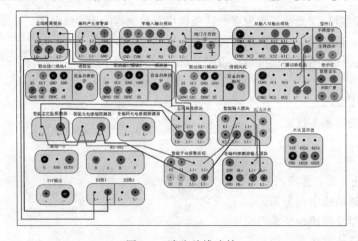

图 1-1　消防总线连接

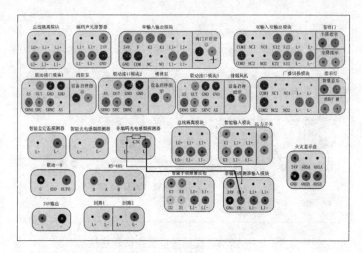

图 1-2 非编码探测器连接

步骤三：总线模块的拆装及连接

- 拆下各类模块，观察模块底座的接线方法。
- 对准卡槽，将各模块安装在底座上，并将模块接入回路总线（参见图 1-1 及图 1-3）。

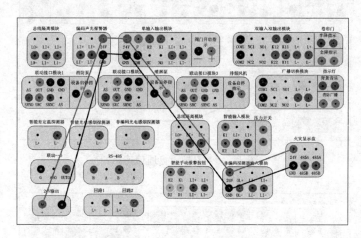

图 1-3 24V DC 供电连接

步骤四：联动盘现场接口模块的拆装及连接

- 拆下联动盘现场接口模块，观察模块底座的接线方法。
- 对准卡槽，将模块安装在底座上，并将模块接入多线联动控制盘对应的输出口（参见图 1-4）。

步骤五：火灾显示盘的拆装及连接

- 打开火灾显示盘，观察火灾显示盘的接线方法，学习火灾显示盘的地址设置方法。
- 将火灾显示盘接入控制器 485 总线（参见图 1-5）。

步骤六：模块输入与输出信号连接

- 连接总线模块的输入及输出信号（参见图 1-6 及图 1-8）。
- 连接联动盘现场接口模块的输入及输出信号（参见图 1-7 及图 1-8）。
- 实际工程中的模块输出信号转换控制（参见图 1-10）。

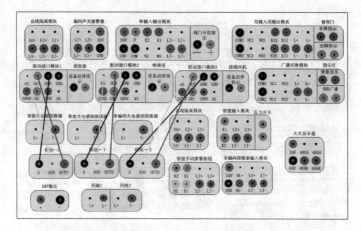

图 1-4　联动盘现场接口模块信号连接

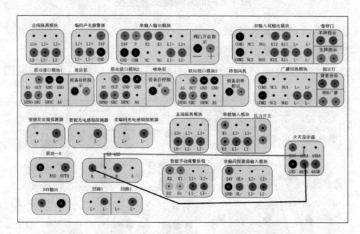

图 1-5　火灾显示盘通信连接

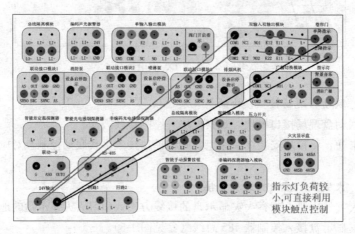

图 1-6　总线模块输出信号连接

➡➡ **步骤七：广播切换模块的连接**

- 连接广播切换模块（参见图 1-9）。
- 实际工程中的广播切换模块输出控制喇叭的接线（参见图 1-11）。

火灾自动报警系统探测器、报警器、功能模块及控制器的连接、设置与调试

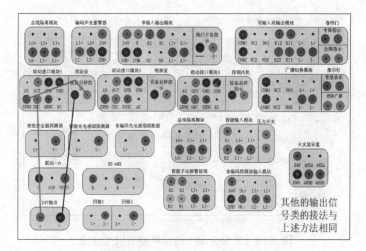

图 1-7　联动盘现场接口模块输出信号连接

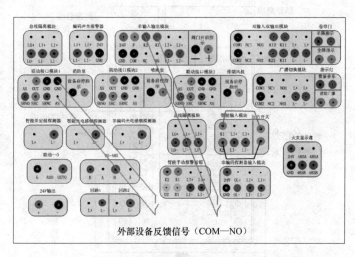

图 1-8　模块输入信号连接

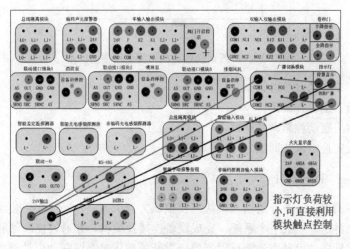

图 1-9　广播切换模块的连接

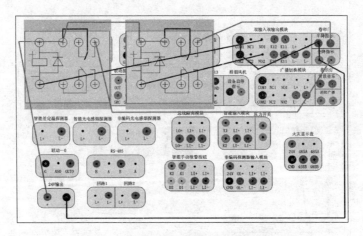

图 1-10　工程应用中的模块输出信号连接

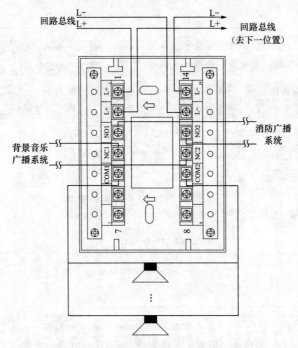

图 1-11　广播切换模块在工程应用中的连接

⟶ **步骤八：** 设备的编辑与调试

- 总线设备编辑并调试。
- 设置多线联动控制盘并调试。
- 设置火灾显示盘并调试。

1.4.3　活动三　能力提升

以一个感温探测器、一个智能输入模块（模拟压力开关）、一个声光警报器，以及一路多线联动控制（模拟喷淋泵）组成一个系统，完成设备连接及编辑，并通过控制器联动设置实现当感温探测器报警时立即联动启动声光警报器，当压力开关动作时立即联动启动喷淋泵。教师可围绕关键技能点提出不同要求形成更多活动。

1.5 效果评价

评价标准详见附录。

1.6 相关知识与技能

1.6.1 GK603 火灾报警控制器连接介绍

1. 接线端子分布图

接线端子分布如图 1-12 所示。

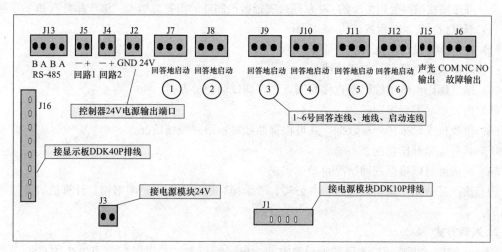

图 1-12 接线端子分布图

2. 接线要求

回路传输线采用双色双绞线，其型号和规格为 RVS-2×1.5mm² －48/0.2，并要求其回路电阻（指机器到最远端编址单元两根导线的环线电阻值）小于 40Ω。

电源线应采用双色多股塑料软线，红色为正极，黑色为负极。其型号合规格为 RV－2×2.5mm²。

接地处理，独立接地电阻≤4.0Ω，联合接地电阻≤1.0Ω。

信号总线应单独穿入金属管中，严禁与动力、照明、视频线或广播线等共同铺设。要求尽量远离动力、照明、视频线或广播线，其平行间距应大于 500mm。线间绝缘≥50MΩ，对地绝缘≥50MΩ。

联动输出、联动回答及声光报警器与控制器的连接方法详见说明书附录 2（说明书附录 2 本处未摘录）。

3. 开通调试要求

机器应由指定的专业技术人员进行开通调试。

所有外接线规格、型号、长度必须满足要求，且不得有断路、短路情况，线间电阻和对地电阻要求不小于 20MΩ。线路接头要求焊接。

对所有外接线路检查完毕后才能对控制器上电，通电后如发现有不正常的情况，立即断电检查。

系统所有连接线禁止热插拔。

当建筑物进行基建施工时，应关掉机器，保护消防设备，禁止在通电情况下向系统内接入器件或接线。

该控制器备电采用两节铅酸免维护电池，为了维持电池活性，至少半年内正常维护一次。

该控制器输入电压为 AC220V，切忌将强电电压接入，否则会损坏机器。

该控制器的输出电压为 DC24V，切忌将强电电压反串接入，否则会损坏机器。

1.6.2 国泰怡安 GY601 智能光电感烟探测器使用说明

1. 特点

JTY-GM-GY601 型智能光电感烟探测器是采用红外散射原理研制而成的，它利用 SMT 工艺进行生产，可并接在国泰公司生产的 G6 系列火灾报警控制器的报警总线上。该产品具有如下特点。

（1）双灯设计，360°可视。

（2）独特迷宫设计，抗灰尘性能好。

（3）底座双接线端子，方便接线。

（4）地址编码由电子编码器直接写入，工程调试简便可靠。

（5）内置产品类型识别码。

（6）单片机实时采样处理数据，并可根据曲线显示跟踪现场情况。

（7）具有漂移补偿功能。

（8）灵敏度可以根据现场情况自动调整。

（9）该产品适用于宾馆、饭店、办公楼、教学楼、银行、仓库、图书馆、计算机房及配电室等场所。

2. 编码方式

GY601 智能光电感烟探测器的编码的方式为电子编码，可利用国泰公司生产的 GS601 型电子编码器进行现场编码。编码时将编码器的红色夹子与探测器的"L＋"端相连，黑色夹子与探测器的"L－"端相连。

用户可对地址值进行设定，地址值范围为 1～127。具体设置步骤和方法请参见《GS601 电子编码器使用说明书》。

3. 主要技术指标

工作电压：直流 24V

工作电流：监视电流≤0.8mA；报警电流≤2.0mA

响应阈值：0.36～0.53dB/m

报警确认灯：红色

使用环境温度：－10～＋50℃

使用环境相对湿度：≤95%（40℃±2℃）

质量：95g

4. 保护面积

当空间高度为 6～12m，一个探测器的保护面积，对一般保护现场而言为 80m²；空间高度为 6m 以下时，保护面积为 60m²。具体参数应以《火灾自动报警系统设计规范》（GB 50116—2012）为准。

5. 结构、安装与布线

（1）外形尺寸。GY601 光电感烟探测器外形尺寸图如图 1-13 所示。

（2）光电感烟探测器安装。GY601 光电感烟探测器安装示意图如图 1-14 所示。

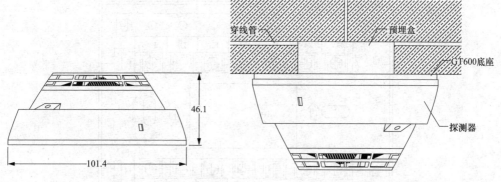

图 1-13　GY601 光电感烟探测器外形尺寸图　　图 1-14　GY601 光电感烟探测器安装示意图

　　预埋盒可采用 86H50 型标准预埋盒；安装时将探测器中扣对正底座顺时针旋转，即可将探测器安装在底座上。

　　（3）接线说明。该探测器须与公司生产的 GT600 底座配套使用。底座上标"L＋"的一端对应总线的正极 L＋，标"L－"的一端对应总线的负极 L－。无论正极还是负极，均有两个相连的接线端子，接线时一个端子可以接总线输入，通过另一个端子将总线引到下一个设备，如图 1-15 所示。

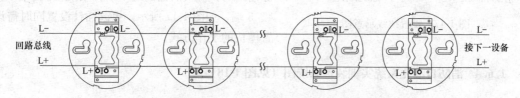

图 1-15　GY601 光电感烟探测器并联接线示意图

　　（4）布线说明。二总线宜选用截面积≥1.0mm² 的双绞阻燃铜芯线，穿金属管或阻燃管敷设；导线应有颜色标识以防接错。

1.6.3　国泰怡安 GM613 单输入输出模块使用说明

1. 安装接线说明

（1）端子说明。GM613 输入输出模块接线端子示意图如图 1-16 所示。

各接线端子功能如下。

L＋、L－：信号总线分极性，安装时请注意；

24V、GND：24V 电源输入端；

K1、K2：回答信号输入端；

COM：公共触点（24V 输出负）；

F：24V 输出正；

NO：动合触点；

NC：动断触点。

　　（2）布线要求。L＋、L－可选用截面积不小于 1.0mm² 双绞线，DC24V 电源线应选用截面积满足联动设备电源容量要求的阻燃线，其他线可选用截面积不小于 1.5mm² 的阻燃线。导线应有颜色标识以防接错。

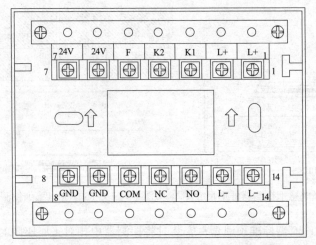

图 1-16 GM613 输入输出模块接线端子示意图

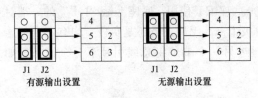

图 1-17 设置跳线示意图

2. 无源输出与有源输出跳针设置说明

当模块设置为有源输出时，模块后面的两个插针须跳接到 2、3 和 5、6 端；当模块设置为无源输出时，模块后面的两个插针须跳接到 1、2 和 4、5 端，如图 1-17 所示。更改插针设置同时需设置模块的工作方式。

1.6.4 消防自动化系统实训装置系统图（见图 1-18）

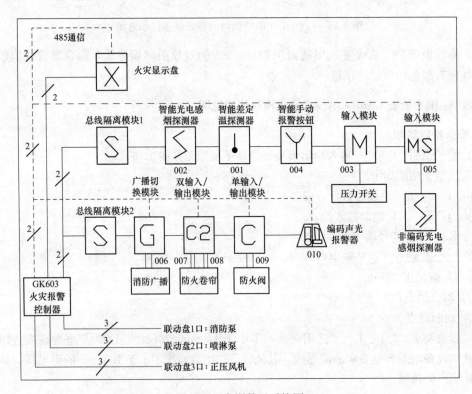

图 1-18 实训装置系统图

消防系统常用的火灾探测器有感烟式火灾探测器、感温式火灾探测器、复合式火灾探测器、感光式火灾探测器、可燃气体火灾探测器。

输入模块与输入输出模块区别：输入模块只接收输入信号，如压力开关、水流指示器等；输入输出模块可以输出信号控制现场设备，如启动水泵、风机等，并根据启动设备的回答信号将其反馈给控制器。

练习与思考

一、单选题

1. 消防报警系统中，智能总线设备是指（　　）。
   A. 非总线设备　　　　　　　　　　B. 不可地址编码的设备
   C. 可直接接入总线的编码设备　　　D. 多线制设备

2. 当空间高度为 6～12m，一个感烟探测器的保护面积，对一般保护现场而言为（　　）m²。
   A. 80　　　　　　B. 60　　　　　　C. 70　　　　　　D. 45

3. 当空间高度为 6m 以下时，一个感烟探测器的保护面积，对一般保护现场而言为（　　）m²。
   A. 80　　　　　　B. 60　　　　　　C. 70　　　　　　D. 45

4. 在相对湿度长期偏高，气流速度大，有大量粉尘和水雾滞留，有腐蚀性气体，正常情况下有烟雾滞留等情形的场所，不宜选用（　　）。
   A. 离子感烟探测器　　　　　　　　B. 光电感烟探测器
   C. 差温探测器　　　　　　　　　　D. 定温探测器

5. 线型感温探测器的工作原理和（　　）探测器基本相同。
   A. 红外　　　　B. 紫外　　　　C. 点型　　　　D. 火焰

6. 运送可燃物品的通廊应装设（　　）喷头。
   A. 开式　　　　B. 闭式　　　　C. 边墙式　　　　D. 中速喷雾式

7. 探测器地址采用二进制编码时，从高位到低位分别是 1011011，其地址是（　　）。
   A. 155　　　　B. 133　　　　C. 109　　　　D. 91

8. 发现室外着火，门已发烫时，要迅速（　　）逃生。
   A. 等待救援　　B. 使用工具破门而出　　C. 用手开门　　D. 以上都不对

9. 联动盘现场接口模块连接于（　　）。
   A. 火灾报警控制器　　　　　　　　B. 区域控制器
   C. 多线联动控制盘　　　　　　　　D. 广播主机

10. 工程现场信号，如压力开关等应通过（　　）接入系统。
    A. 输出模块　　B. 输入模块　　C. 手动按钮　　D. 探测器

11. 手动火灾报警按钮应安装在明显和便于操作的部位。当安装在墙上时，其底边距地（楼）面高度宜为（　　）。
    A. 1.0～1.2m　　B. 1.2～1.3m　　C. 1.3～1.5m　　D. 1.5～1.6m

12. 以下哪个设备属于消防总线通信（　　）。
    A. 多线联动控制盘　　　　　　　　B. 火灾显示盘
    C. 编码声光警报器　　　　　　　　D. 灭火控制盘

13. 手动火灾报警按钮的连接导线应留有不小于（　　）的余量，且在其端部应有明显标志。
    A. 100mm　　　　B. 110mm　　　　C. 120mm　　　　D. 150mm

14. （　　）安装时在安装处应有明显的部位显示和检修孔。
   A. 隐蔽　　　　　B. 墙面　　　　　　C. 盒装　　　　　　D. 吸顶
15. 消防报警系统中，智能总线设备是指（　　）。
   A. 非总线设备　　　　　　　　　B. 不可地址编码的设备
   C. 可直接接入总线的编码设备　　D. 多线制设备

二、多选题

1. 火灾报警控制器主要特点有（　　）。
   A. 操作编程键盘可进行现场编程，进行自检和调看火警、断线的具体部位
   B. 当发生短路时，隔离器可以将发生短路的这一部分与总线隔离
   C. 排除故障后，控制器必须复位后，短路隔离器才能恢复正常工作
   D. 系统输入模块在二总线火灾报警控制器上作为输入地址的各类信号
   E. 探测器可装成同一地址编码，方便控制器信号处理。
2. 可燃气体火灾探测器具有（　　）功能。
   A. 报告火灾　　　B. 防爆　　　　　C. 监测环境污染　　D. 灭火
   E. 监测二氧化碳浓度
3. 线型感温探测器通常用于（　　）场合。
   A. 电缆托架　　　B. 电缆隧道　　　C. 电缆夹层　　　　D. 电缆沟
   E. 电缆竖井
4. 在国泰怡安消防系统中以下设备属于 RS485 通信的是（　　）。
   A. 多线联动控制盘 B. 火灾显示盘　　C. 编码声光警报器　D. 灭火控制盘
   E. 设备操作盘
5. 以下可能属于一个双输入输出模块的地址组合是（　　）。
   A. 7，8　　　　　B. 129，130　　　C. 66，67　　　　　D. 13，15
   E. 111，112
6. 消防控制室对自动喷水灭火系统的控制和显示应满足显示系统的喷淋消防泵的启、停状态和故障状态，显示（　　）等设备的正常工作状态、动作状态等信息。
   A. 水流指示器　　B. 信号阀　　　　C. 报警阀　　　　　D. 压力开关
   E. 闸阀

三、判断题

1. 线型定温式探测器是当火灾现场环境温度上升到一定数值时，可熔绝缘物熔化使两导线短路，从而产生报警信号。（　　）
2. 差定温型兼具差温型和定温型的优点，因此差温型比定温型可靠。（　　）
3. 光电感烟探测器宜安装在不受外部风吹的位置，离子感烟探测器应避开日光或强光直射位置。（　　）
4. 当装有联动装置或自动灭火系统的场合，不可以采用感烟、感温、火焰探测器的组合。（　　）
5. 在消防系统中，所有探测器、手动报警按钮、模块等，都需要有不同的地址码。（　　）
6. 由水力驱动的全天候声响报警设施，工作时无打击火花，可用于防爆场所。（　　）
7. 按现行国家标准《消防联动控制系统》（GB 16806—1997）的有关规定检查消防联动控制系统内各类用电设备的各项控制、接收反馈信号（可模拟现场设备启动信号）和显示功能。（　　）
8. 只有能看到正在通信闪灯的总线设备才是正常工作的。（　　）

9. 联动反馈信号受控自动消防设备（设施）将其工作状态信息发送给消防联动控制器的信号。（　　）

10. 点型火焰探测器和图像型火灾探测器的安装与保护目标之间应有遮挡物。（　　）

参考答案

单选题	1. C	2. A	3. B	4. A	5. C	6. B	7. D	8. B	9. C	10. B
	11. C	12. C	13. D	14. A	15. C					
多选题	1. ABCD	2. ABC	3 ABCDE	4. ABDE	5. ABCE	6. ABCD				
判断题	1. Y	2. N	3. N	4. N	5. N	6. Y	7. Y	8. N	9. Y	10. N

任务 ②

消防喷淋灭火系统、气体灭火系统、防火卷帘门综合应用组网、远程编程与调试

该训练任务建议用 3 个学时完成学习及过程考核。

2.1 任务来源

对各种消防灭火设施、灭火系统的操作，在日常工作中应达到熟练的程度，并理解它的运行控制原理，在应对火灾发生时，才能正确操作，利用这些灭火设施进行扑灭火灾，为火灾的扑救工作提供条件。

2.2 任务描述

对各种消防灭火设施、灭火系统，应掌握其组成结构以及相互之间的联动关系，能够对系统功能进行调试，在应对火灾发生时，才能正确操作，利用这些灭火设施进行扑灭火灾，为火灾的扑救提供有利条件。

2.3 能力目标

2.3.1 技能目标

完成本训练任务后，你应当能（够）：

1. 关键技能

- 会消防喷淋灭火系统的远程联动编程与调试。
- 会气体灭火系统的远程联动编程与调试。
- 会防火卷帘门的远程联动编程与调试。

2. 基本技能

- 掌握消防联动系统的基本操作。
- 掌握火灾报警控制器的主网设置。

2.3.2 知识目标

完成本训练任务后，你应当能（够）：

- 了解消防通信技术相关知识。
- 熟悉探测器及模块地址编码原理。
- 掌握消防系统常用器件种类名称。

2.3.3 职业素质目标

完成本训练任务后,你应当能(够):

- 联动装置启动条件严格按照探测器触发顺序和逻辑要求进行编程。
- 在工作岗位上,能够独立进行器件编辑,注意通信协议设置。
- 遵守消防器件信息更改的规则,保持严谨态度。
- 遵守系统操作规范要求,养成严谨科学的工作态度。

2.4 任务实施

2.4.1 活动一 知识准备

下列知识可以由学员自学或老师讲授完成。

(1)消防联动设备在消防系统中起到什么作用?

(2)如何保证消防联动设备能在发生火灾时正常启动?

2.4.2 活动二 示范操作

1. 活动内容

喷淋灭火系统、防火卷帘系统、气体灭火系统的手动操作及自动联动设置与操作,掌握各设备的功能,能够熟练操作设备的启动及停止。

2. 操作步骤

⋯▷ 步骤一: 自动喷淋灭火系统的操作与控制

- 通过末端试水装置,或达到一定温度闭式喷头爆破喷水,试验系统的水压及启动能力。
- 现场的手动操作与控制。
- 控制中心的操作与控制。

(1)通过末端试水装置,或达到一定温度闭式喷头爆破喷水,试验系统的水压及启动能力。

1)打开末端试水装置的球阀或电磁阀,或达到一定温度闭式喷头爆破喷水,管道水流出。

2)系统侧压力降低,信号压力表输出信号,启动恒压泵。

3)管道水流动,水流指示器信号输出,如果此时系统为自动状态,可联动启动喷淋泵。

(2)现场的手动操作与控制。

1)如果在步骤"(1)-3)"之后,系统未自动启动,可采用现场操作启动喷淋泵。

2)首先将现场控制箱的"系统运行方式"转到"独立运行"再将喷淋泵的自动转换开关转到"手动"位置,然后按下喷淋泵的"启动"按钮,喷淋泵手动启动。

3)按下"停止"按钮,喷淋泵停止运行。

(3)控制中心的操作与控制。

1)如果在步骤"(1)-3)"之后,系统未自动启动,也可在控制中心操作启动喷淋泵。

2)方法一:直接按下多线联动控制盘的第1路启动按钮。

3)方法二:进入控制器的菜单操作启动喷淋泵。

a) 按"功能"键，输入操作密码进入主菜单，界面如下：

系统主菜单	
1. 系统设置	2. 测　试
3. 通信设置	4. 回路编辑
5. 联动设置	6. 信息查询

b) 按"2"进入"测试"菜单界面，如下图：

1. 本机自检
2. 手动启动
3. 现场电源控制
4. 器件点灯

c) 按"2"进入"手动启动"菜单界面，如下图：

机号：01	楼号：05
分类：层	数据：001
类型：声光报警器	信号：电平
操作方式：启动	

d) 此时要启动喷淋泵，输入相应的参数，如下图：

机号：26	楼号：01
分类：1 口	数据：001～1
类型：多线联动控制盘	信号：脉冲
操作方式：启动	

说明：机号将视所在的实训台不同而定。

▸▸▸ 步骤二：气体灭火系统的操作与控制

- 现场模拟感烟和感温探测器报警。
- 现场的手动操作与控制。

（1）现场模拟感烟和感温探测器报警。

1）模拟感烟和感温探测器报警，在本实训中可以利用模拟感烟和感温的按钮发出信号。

2）当控制器接收到模拟信号之后，如果此时系统为自动状态，可以自动启动气体灭火系统。

（2）现场的手动操作与控制。

1）如果在步骤"（1）-2"之后，系统未自动启动，可采用现场操作启动气体灭火系统，图 2-1 为气体灭火系统外部紧急启停按钮。

2）直接按下现场紧急按钮的"紧急启动"，气体灭火系统进入启动程序，首先启动系统的联动设备，30s 时间到了之后开始气体喷洒。

3）按下"紧急停止"按钮，气体灭火系统复位，气体停止

图 2-1　外部紧急启停按钮

喷洒。

说明：通过控制器菜单启动气体灭火系统仅能启动警报，无法启动气体喷洒程序。

➡ **步骤三：防火卷帘门的操作与控制**

- 现场模拟防火分区的感烟和感温探测器报警。
- 现场的手动操作与控制。
- 控制中心的操作与控制。

（1）现场模拟感烟和感温探测器报警。

1）模拟感烟和感温探测器报警，在本实训中可以利用实训台面的感烟和感温探测器或用其他的输入信号代替。

2）当控制器接收到报警信号之后，如果此时系统为自动状态，可以自动启动防火卷帘门。

（2）现场的手动操作与控制。

1）如果在步骤"（1）-2）"之后，系统未自动启动，可采用现场操作启闭防火卷帘门。

2）直接按下现场手动按钮的"▼"按钮，防火卷帘门降落，到底停止；降落过程中不能按"▲"，否则有可能导致防火卷帘卡位，报警器鸣叫不停，需要停电复位；降落过程中按"▲"，防火卷帘门在当前位置停止。

3）卷帘门降到位之后，要恢复防火卷帘门，按下"〇"按钮，防火卷帘门升到位停止。

（3）控制中心的操作与控制

1）如果在步骤"（1）-2）"之后，系统未自动启动，也可在控制中心操作启动防火卷帘门。

2）方法：进入控制器的菜单操作防火卷帘门的启闭。

a）按"功能"键，输入操作密码进入主菜单，界面如下：

系统主菜单	
1. 系统设置	2. 测　试
3. 通信设置	4. 回路编辑
5. 联动设置	6. 信息查询

b）按"2"进入"测试"菜单界面，如下图：

1. 本机自检
2. 手动启动
3. 现场电源控制
4. 器件点灯

c）按"2"进入"手动启动"菜单界面，如下图：

机号：01	楼号：05
分类：层	数据：001
类型：声光报警器	信号：电平
操作方式：启动	

d）此时如果要防火卷帘门半降，设置参数如下图：

17

机号：24	楼号：01
分类：地址	数据：01～007
类型：	信号：脉冲
操作方式：启动	

e) 此时如果要防火卷帘门全降，设置参数如下图：

机号：24	楼号：01
分类：地址	数据：01～008
类型：	信号：脉冲
操作方式：启动	

说明：机号将视所在的实训台不同而定。

2.4.3 活动三　能力提升

要求当 26 号控制器的管道阀门动作时，立即启动本机的卷帘门半降，延时 10s 后启动卷帘门全降，当卷帘半降及全降的反馈信号收到之后立即启动气体灭火系统。教师可根据关键技能点提出其他要求形成更多活动。

2.5　效果评价

评价标准详见附录。

2.6　相关知识与技能

2.6.1 消防工程联动通用逻辑程序

1. 各联动系统的控制逻辑程序

消火栓系统：当任意一个消火栓报警按钮按下时，自动启动消防泵。

自动喷/雨淋系统：当任意一个自动喷/雨淋系统的压力开关动作时，自动启动喷/雨淋泵。

防排烟系统：当某防火分区/层的感烟或感温或手动报警按钮报警时，联动打开本区/层及邻层正压送风阀、排烟阀，自动启动相应正压送风机、排烟机。当 280℃防火阀动作时，自动停止正压送风机、排烟机。

空调系统：当某区/层的感烟或感温或手动按钮报警时，自动关闭本区/层电动防火阀，停新风机、轴流风机、盘管风机。这里说到的防火阀是指用来保护空调机组的自融断阀门。

防火卷帘门系统：①通道型。感烟报警时卷帘门自动到中位（1.8m 位置），感温报警时卷帘门到底位；②分区型。当本区/层的感烟报警时，卷帘门到底位。

消防广播疏散系统：当某层的两个感烟或感温或手动按钮报警时，启动本层及邻层的消防广播。

气体灭火系统：当本区的感温和感烟或紧急启动按钮报警时，启动声光报警器，延时 30s 启动电磁阀或电爆管，或压力开关动作时，启动电磁阀，进行气体喷洒，同时点亮喷洒指示灯。

切电/电梯系统：当某区/层两感烟或感温或手动报警按钮报警时，自动切断本区/层非消防电源，电梯迫降首层，消防电梯正常运行。

2. 联动系统使用补充说明

排烟系统中所关闭的防火阀，是指当火情现场的烟雾在通过排烟系统过程中含有大量的热量，当烟雾中所含的温度达到280℃时，应自动关闭防火阀，停止排烟风机的运行等，从而保护风机设备。

稳压泵所负责的工作是，保障所支持的管网系统的压力在设定的压力值范围内，稳压泵控制箱接受系统上的电接点压力表的信号来启停稳压泵的。当管网中的压力下降到一定值时，稳压泵自动工作，直到保持管网内的压力到所设置正常压力值时，稳压泵自动停止。这样反复工作，直到管网内的压力正常为止。这个信号不需要送到消防控制室，消防泵所接收的信号只是报警系统中的消火栓手动按钮与相关的远控制等。

水位控制是指监视消防水池，高位水箱的水位的液位仪，这个需要将信号传动报警系统，在主机程序上设定靠这个信号来启动水泵给水箱或消防水池供水，当水位上升到设定值时停止水泵供水。当条件好的情况下，不一定要用消防泵来执行这一个任务，最好用生活水泵来完成这个工作，以保障消防补救系统正常待命。

有些地方建议取消消火栓按钮直接启泵功能不可轻易采用，其一：一般情况下火灾报警控制器联动均处于手动状态，在非高压系统"消火栓按钮直接启泵功能"能使火灾发生现场相关人员及时启动消防泵用消火栓进行灭火；其二，有些建筑物仅在重要部位设有探测器，而消火栓却按规范要求保护半径设置完整，如果没有探测器的部位发生火灾而报警控制器未接报警不联动启动消防泵将直接影响火灾扑救。

2.6.2 消防工程施工中电梯迫降联动问题及建议

《火灾自动报警系统设计规范》（GB 50116—1998）中规定：消防控制室在确认火灾后，应能控制电梯全部停于首层，并接收其反馈信号。在验收规范中也规定，当火灾确认后，本防火分区内所有电梯应强制迫降至首层。但是，以何种方式控制，如何来控制却没有明确规定，这也是消防工程施工中遇到的一个问题。

在目前的消防工程中，习惯于用报警区域内任何两个感烟探测器的信号作为联动指令（俗称二点联动），这种处理方法首先是对火灾确认的概念没有正确理解。确认的概念，一般是指人工确认（也可用电视监控），或两种以上探测器工作后的确认，用两个同一类型的探测器（大多数场所使用烟感）的信号作为确认是不符合规范要求的。另外，用两个烟感的动作信号作为电梯迫降的联动指令，会引起误动作，特别是在会议室等抽烟或易产生烟雾场所的烟感探测器，误报的可能性较大，而电梯是人员安全升降的重要工具，在没有火灾的情况下，如果电梯因感烟探测器误报而突然迫降，反而会造成人身事故（这种情况曾发生过），因此，对电梯的迫降是值得商讨的问题。

根据设计规范的要求，提出如下建议：

（1）把电梯的控制设备（或有线遥控器）设于消防值班室，在确认火灾后，由值班人员人工控制电梯迫降。

（2）如果采用自动控制方式，可用电梯前室及通往电梯口通道内的探测器作为联动信号，确认火灾后实现自动迫降。

2.6.3 如何做好消防联动设备的维护与保养

为了保证消防联动设备时时处于待命状态，必须定期做好系统设备的维护与保养。

（1）系统中所有设备都应当做好日常维护保养工作，注意防潮、防尘、防电磁干扰、防冲击、防碰撞等各项安全防护工作，保持设备经常处于完好状态。

（2）做好探测器的定期清洗工作。探测器投入运行后，由于环境条件的原因，容易受污染，使可靠性降低，引起误报或漏报，特别是感烟探测器，更易受环境影响。国家标准《火灾自动报警系统施工及验收规范》明确规定：探测器投入运行2年后，每隔3年全部清洗一遍，并做响应阈值及其他必要的功能试验。

（3）我国地域辽阔，南北方气候差别很大。南方多雨潮湿，水汽大，容易凝结水珠；北方干燥多风，容易积聚灰尘。同一地区、不同行业、不同使用性质的场所，污染也不相同。应根据不同情况，确定对探测器清洗的周期和批量。清洗工作要由有条件的专门清洗单位进行，不得随意自行清洗除非经过公安消防机构批准认可。清洗后，探测器应做响应阈值和其他必要的功能试验，以保证其响应性能符合要求。发现不合格的，应予报废，并立即更换，不得维修后重新安装使用。

消防联动设备在消防系统中起到作用是在发生火灾时，启动相关的联动设备扑灭火灾或者控制火势的发展，起到救灾减灾的作用。

为保证消防联动设备能在发生火灾时正常启动，平时应定期对消防联动设备进行检测、维修和保养，以此保证能在发生火灾时正常启动。

练习与思考

一、单选题

1. 延迟器的作用是（　　　）。
　　A. 防止发生误报警　　　　　　　　　　B. 使湿式报警阀延迟动作
　　C. 使喷淋泵延迟启动　　　　　　　　　D. 使水力警铃延迟启动

2. 稳压泵可以维持消防水路管网的压力，使其保持在一定范围内，以保证（　　　）。
　　A. 系统压力稳定　　　　　　　　　　　B. 增加灭火时供水压力
　　C. 增加灭火时供水流量　　　　　　　　D. 火灾时的初期用水压力

3. 报警阀以后的自动喷水灭火管道应采用镀锌管或镀锌无缝钢管，其连接方式应用（　　　）连接。
　　A. 螺纹　　　　　　B. 焊接　　　　　　C. 粘接　　　　　　D. 承插

4. 与警铃连接的管道，其管径应为20mm，总长不宜大于（　　　）。
　　A. 10m　　　　　　B. 15m　　　　　　C. 2m　　　　　　　D. 25m

5. 喷淋泵的控制与消火栓泵的控制原理大致相同，区别在于（　　　）。
　　A. 喷淋泵的功率大　　　　　　　　　　B. 消防泵的功率大
　　C. 喷淋泵的控制不用消火栓按钮来启动　D. 消防泵的控制不用消火栓按钮来启动

6. 雨淋系统采用（　　　）喷头。
　　A. 合金　　　　　　B. 开式　　　　　　C. 中速喷雾　　　　D. 高速喷雾

7. 喷雾灭火系统中，喷头的（　　　）决定了灭火的效果。
　　A. 喷水量　　　　　B. 工作压力　　　　C. 直径　　　　　　D. 长度

8. 对于惰性气体灭火系统，以下说法不正确的是（　　　）。
　　A. 火灾现场人员不需撤离　　　　　　　B. 火灾现场人员必须撤离
　　C. 指挥中心可采用惰性气体灭火系统　　D. 对精密设备的损害小

9. 二氧化碳存储钢瓶长期处于（　　　）工作状态。

  A. 常温常压   B. 低压   C. 高压   D. 视系统大小而定

10. 二氧化碳存储钢瓶由（ ）进行封闭。

  A. 气动阀   B. 截止阀   C. 电爆阀   D. 瓶头阀

11. 气体灭火系统定向输送灭火剂到保护区由（ ）控制。

  A. 气动阀   B. 选择阀   C. 高压软管   D. 瓶头阀

12. 根据设计规范的要求，建议把电梯的控制设备设于消防值班室，在确认火灾后，由值班人员人工（ ）。

  A. 控制电梯上升 B. 控制电梯迫降 C. 控制电梯停电 D. 控制电梯开门

13. 对于消防系统的电梯迫降，如果采用自动控制方式，可用电梯前室及通往电梯口通道内的探测器作为联动信号，（ ）实现自动迫降。

  A. 确认火灾后 B. 收到火警信息后 C. 无人乘坐电梯时 D. 温度升高时

14. 消防控制室对气体灭火系统的控制和显示应满足自动和手动控制系统的启动和停止，并显示延时状态信号、压力反馈信号和停止信号，显示（ ）各阶段的动作状态。

  A. 喷洒   B. 气体释放   C. 气瓶   D. 传输管道

15. 在气体灭火系统中当本区的感温和感烟或紧急启动按钮报警时，启动声光报警器，延时（ ）启动电磁阀或电爆管，或压力开关动作时，启动电磁阀，进行气体喷洒，同时点亮喷洒指示灯。

  A. 25s   B. 30s   C. 45s   D. 60s

二、多选题

1. 以下不能用于启动湿式报警阀的是（ ）。

  A. 感烟探测器 B. 感温探测器 C. 感光探测器 D. 压力开关

  E. 水流批示器

2. 水喷雾自动喷水灭火系统采用（ ）喷头。

  A. 标准型   B. 边墙型   C. 中速喷雾   D. 高速喷雾

  E. 直立型

3. 根据水幕系统的性能，可分为（ ）。

  A. 冷却型水幕 B. 阻火型水幕 C. 灭火型水幕 D. 防火型水幕

  E. 工艺型水幕

4. 消防设备应急电源不应安装在靠近带有可燃气体的（ ）等场所。

  A. 管道   B. 仓库   C. 操作间   D. 设备机房

  E. 水泵房

5. 集中报警系统由（ ）等组成。

  A. 集中火灾报警控制器   B. 区域火灾报警控制器

  C. 火灾探测器   D. 联动控制器

  E. 自动喷水系统

6. （ ）处，应采取补偿措施，导线跨越变形缝的两侧应固定，并留有适当余量。

  A. 沉降缝   B. 伸缩缝   C. 抗震缝   D. 避震缝

  E. 连接处

三、判断题

1. 湿式喷水灭火系统具有自动监测、报警和喷水功能。（ ）

2. 有人抽烟的会议室或容易产生烟雾场所的烟感探测器，误报的可能性较大。（ ）

3. 各种公称管径，须选用相应规格的水流指示器，但与连接水流指示器的前后管道长度无关。（　　）

4. 调试前，设备的规格、型号、数量、备品备件等应按设计要求查验。（　　）

5. 在消防系统的运行中，防火卷帘门与消防水系统没有任何关联关系。（　　）

6. 消防联动控制器与各模块之间的连线断路和短路时，消防联动控制器能在 100s 内发出故障信号。（　　）

7. 压力开关报警信号是决定是否启动喷淋泵的条件。（　　）

8. 消防系统设计中要求重要灭火设备同时通过总线及多线控制。（　　）

9. 采用专用的检测仪器或模拟火灾的方法，逐个检查每只火灾探测器的报警功能，探测器应能发出火灾报警信号。（　　）

10. 防火卷帘门通常在感温探测器报警后可以执行全降。（　　）

参考答案

单选题	1. A	2. D	3. B	4. C	5. C	6. B	7. B	8. B	9. C	10. D
	11. B	12. B	13. A	14. B	15. B					
多选题	1. ABCE	2. CD	3. ABD	4. ABC	5. ABC	6. ABC				
判断题	1. N	2. Y	3. N	4. Y	5. N	6. Y	7. Y	8. Y	9. Y	10. Y

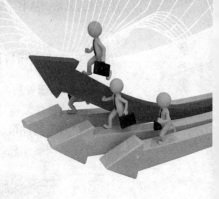

任务 3

火灾自动报警系统故障线路和探测器的检查与更换

该训练任务建议用 3 个学时完成学习及过程考核。

3.1 任务来源

故障线路的检测、探测器的测试与更换是消防系统工程人员和维护人员在日常工作中应掌握的基本技能要求，是系统安装、运行维护过程中的基础工作。

3.2 任务描述

通过现场实际故障，观察故障现象，查找故障原因，排除线路故障，更换故障器件。

3.3 能力目标

3.3.1 技能目标

完成本训练任务后，你应当能（够）：

1. 关键技能

- 会利用电子编码器对总线设备编码。
- 能对探测器进行检测和故障判断。
- 会处理故障线路或更换探测器。

2. 基本技能

- 系统连接。
- 器件编辑。

3.3.2 知识目标

完成本训练任务后，你应当能（够）：

- 了解消防通信技术相关知识。
- 熟悉探测器及模块地址编码原理。
- 掌握消防系统常用器件种类名称。

3.3.3 职业素质目标

完成本训练任务后，你应当能（够）：

- 线路故障修复应考虑永久性，避免采取临时处理措施。
- 遵守消防器件信息更改的规则，保持严谨态度并做好记录。
- 遵守系统操作规范要求，养成严谨科学的工作态度。

3.4 任务实施

3.4.1 活动一 知识准备

下列知识可以由学员自学或老师讲授完成。

（1）常用的火灾探测器检测装置有哪些？

（2）消防系统对接地电阻值有什么要求？

3.4.2 活动二 示范操作

1. 活动内容

根据总线设备的故障现象（模拟）进行检查，利用测电压、测线路、替换设备的方法排除故障，恢复设备正常工作。实训装置系统图如图 3-1 所示。

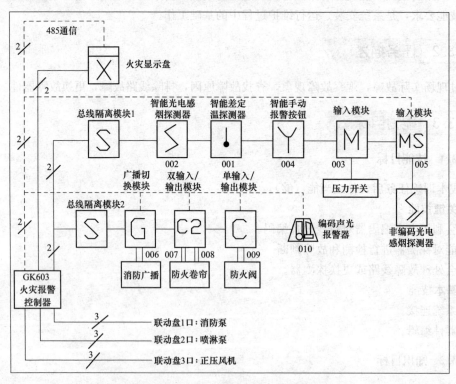

图 3-1 实训装置系统图

2. 操作步骤

➡️ **步骤一： 总线电压的测量**

- 将实训装置全部接线开关置为实训挡，根据系统接线图，连接好实训台上各器件。

- 合上实训装置左侧漏电开关及控制器主备电开关。
- 测量控制器总线回路1的输出电压并记录。

▶▶ **步骤二：线路测试**

- 外部检查。检查各种配线情况，各种报警设备接线是否正确，工作接地和保护接地是否接线正确。
- 线路校验。先将被校验回路中的各个部件装置与设备接线端子打开进行查对。

▶▶ **步骤三：用仪表测量线路**

- 用万用表以导通法逐线查对传输线路敷设、接线是否正确。可以判断出导线回路及中间连接情况。
- 用数字式多路查线仪进行检查。可探测回路线、通信线是否开路或短路。
- 用绝缘电阻表测试回路绝缘电阻，应对导线与导线、导线对地、导线对屏蔽层的电阻分别测试。

▶▶ **步骤四：探测器测试。**

- 确保线路良好，将探测器安装在底座上，接通控制器电源。
- 测量探测器总线上的电压是否接近于回路总线电压，判断探测器内部是否有短路故障。
- 利用专用检测仪器如烟杆检测器、烟瓶检测器、温杆检测器等对探测头进行试验，看能否引起报警系统工作（若没有检测仪器，可用点燃的香和电吹风模拟火灾环境）。

▶▶ **步骤五：查看反馈信息判断器件故障**

根据控制器显示信息，确定哪些器件或线路存在故障。

▶▶ **步骤六：探测器的更换**

针对故障器件进行更换，所更换的探测器必须根据原点位设备编码设置对应的地址码。

3.4.3 活动三 能力提升

把正常工作的总线设备地址001改为017，把该设备总线L＋断开，根据故障现象进行故障排查。教师可围绕关键技能点提出不同要求形成更多活动。

3.5 效果评价

评价标准详见附录。

3.6 相关知识与技能

3.6.1 火灾自动报警系统调试

为了保证新安装的火灾自动报警系统能安全可靠地投入运行，使其性能达到设计技术要求，在系统安装施工过程中和投入运行前要进行一系列的调整试验工作。调整试验的主要内容包括线路测试、火灾报警设备的单体功能试验、系统的接地测试和整个系统的开通调试。

（一）单机调试

所谓单机调试就是将运到安装工地的探测器、报警控制器等在安装就位之前进行一些基本性能试验，试验工作需在干燥、无粉末、无振动、无烟雾的常温室内进行，试验人员应全面熟悉火警设备的各项性能后，才能进行试验。

1. 测试仪器

FJ-2706/001型火灾探测器检查装置，主要用于FJ-2701（包括FJ-2705、JTW-CDZ-2700/

015、JTW-DZ-2700/06）和 F732（包括 JTY-GD-2700/01、JTWDZ-262/062、JTW-CDZ-262/061）等多种型号火灾探测器的检查和维修测试，还可以输出检测、报警等信号，供调试报警控制器用。

2. 探测器测试

（1）F732 型感烟探测器的测试：将探测器装在 FJ-2706/001 型火灾探测器检查装置盖板上的 F732 底座上，开关②拨至"F732"位置，打开电源，此时可向探测器加烟，加烟的方法是用口吸一口香烟，在距探测器 200mm 处喷向探测器，立即出现火警灯（红色）闪亮，同时发出变调火警音响，说明探测器工作正常。

（2）FJ-2701 系列探测器的检查：将上述探测器检查装置的开关②拨至"2701"位置，将 FJ-2701 型探测器装在盖板上的 2701 底座上，打开电源开关，揿一下自检开关⑤，故障灯闪一下，并伴有故障音（不变音），紧接着火警灯闪亮，并伴有火警报警声（变调），再揿一下自检开关⑤使其弹起，再揿一下"消音"③和复位④，检查装置恢复正常，然后给探测器加烟，加烟方法与检查 F732 型探测器相同，加烟后火警灯立即闪亮，并发出火警音响，说明探测器工作正常，可以安装使用。

上述探测器的工作状态测试是采用 FJ-2706/001 型火灾探测器检查装置。如果施工现场没有此种检查设备，可利用报警控制器代替，给报警控制器（区域或集中均可）接出一个报警回路，接上探测器底座，不要忘记连接终端电阻，然后利用报警控制器的报警、自检等功能，对探测器进行单体试验，当试验感温探测器时，热源采用 F50W 电吹风，在距离探测器 500mm 处，向探测器吹热风，使探测器发出报警信号。

目前，国内、外对探测器的定量试验只是在出厂前进行，在火警安装施工现场一般只做定性试验。对有关探测器的反应灵敏度等，还没有一种有效的试验方法。

3. 报警控制器的试验

对报警控制器的试验仍可采用 FJ-2706/001 型火灾探测器检查装置，该装置可以通过操作开关，在背面端子上输出模拟报警信号和检查信号，将这些信号输入报警控制器进行下列测试。

（1）火灾报警声光系统是否工作，若能正常工作，时钟是否记录报警时间，地址信号灯或地址是否显示。

（2）报警后，有关联动继电器是否动作，报警信号是否正常。

（3）当检查信号输入后，自检信号、地址指示灯是否闪亮。

（4）测量电源电压（直流 24V，12V）；拨动自检开关，测量自检回路的输出电压，报警线上的电压信号与报警控制器的有关技术数据核对。

（5）将区域报警控制器的有关信号输至集中报警控制器，测量集中报警控制器的各种功能是否符合设计要求。

（6）对警报器、警铃、手动报警按钮等回路进行信号测试。

（二）系统开通调试

1. 调试要求

系统通电后，应按现行的国家标准《火灾报警控制器通用技术条件》（GB 4717—1993）的有关要求对报警控制器进行下列功能检查。

（1）火灾报警自检功能。

（2）消音、复位功能。

（3）故障报警功能。

（4）火灾优先功能。

（5）报警记忆功能。

（6）电源自动转换和备用电源的自动充电功能。

（7）备用电源的欠电压和过电压报警功能。

2. 工具与仪器

BHTS-1 型便携式火灾探测器试验器是进行火灾自动报警系统开通调试的工具，它能将三种模拟火灾因素——烟、温度和可燃气体——送至相应的火灾探测器，进行系统火灾报警功能的试验。其中 JTY-SY-A 型和 B 型是两种点型感烟探测器试验器；JTW-SY-A 型是点型感温探测器试验器；JB-YW-1 型是火灾探测器单点试验器（可以进行可燃气体探测器试验）。

3. 使用方法

对于安装好的感温探测器试验 JTW-SY-A 型点型感温探测器试验器（温杆）；对于已安装好的感烟探测器试验，应使用 JTY-SY-A 型点型感烟探测器试验器（烟杆）；如果是防爆场所调试应采用 JTY-SY-B 型点型感烟探测器试验器（烟瓶）。若采用上述试验装置对探测器进行试验，探测器无输出报警信号时，应将探测器从安装底座上取下，再采用 JB-YW-1 型火灾探测器单点报警试验器进一步判断探测器故障。

（1）烟杆。

1）将棒线香点燃置于烟杆下部的紧固座下（也可用香烟代替棒线香）。

2）把拉伸杆安装到烟杆主体上，根据探测器安装高度调节拉伸杆长度，安上烟嘴。

3）将烟嘴对准待检探测器进烟口，接通电源将烟排至探测器周围，30s 以内探测器确认灯亮。表示探测器工作正常，否则不正常。

4）在每次检查前，应将烟在烟道中储存一会儿，以保证开启风机时有足够的烟量排出。

5）当检验结束时，一定要将烟源取出熄灭，擦拭干净，取出电源（防止电池霉烂）。

（2）温杆。

1）将送温头接在连节杆上部，并视高度调节杆的长度（BHTS-2 型直接插入烟杆上部口上）。

2）交电源插头接入 220V 交流电源插座上。

3）将送温头对准待检探测器，打开电源开关。

4）温源升温，10s 内探测器确认灯高，表示探测器工作正常，否则探测器有故障。

（3）烟瓶。

1）将气源接在连节杆上，并视探测器安装高度决定连节杆的节数。

2）当探测器安装高度比较高，连节杆接得比较长时，举上屋顶时双手应靠近气源缓缓竖起。

3）将气瓶口上部波纹管对准包住感烟探测器，并向上用力（持续时间 1～2s），氟里昂气体喷出，15s 内探测器确认灯亮，表示探测器工作正常，否则不正常。

4）氟里昂气用完后，旋下气源下端螺塞，更换气瓶，装上气瓶后旋上螺塞至适当位置。

5）气瓶可以配丁烷和氟里昂气体。

（4）单点式探测器试验器。

1）将检测线插头插入面板"探头接线"插口。

2）选好被检探测器的工作电压（F732，2701 型探测器工作电压选择 244V）。

3）按探测器的供电极性连接好检测线。

检测线的红线为"＋"，绿线是信号线，黄线是四线制探测器的探测器的判别线，黑线是"－"。

如果是二线制探测器，将检测线连接到探测器"＋"接点，绿线（信号线）连接探测器的"－"接点，其余两线悬空（不用）。如果是三线制探测器，在两线制探测器连接方法的基础上，将黑线连接探测器"－"接点，绿线（信号线）连接探测器的信号输出极。

如果是四线制探测器，在三线制探测器的基础上，将黄线连接四线制探测器的信号判别输出极。

4）将电源插头插入外网电源，开关闭合后电源指示灯亮（如果检测线尚未与探测器相接或与探测器之间出断路，黄灯将亮，这就是故障），这时给探测器送烟或湿火灾模拟信号，探测器确认灯亮，试验器发出声、光报警信号（火警声与故障有明显区别），表明探测器工作正常；否则，探测器不正常。

4. 开通调试

采用上述火灾报警系统专用工具和仪器，再配备万用表、对讲机等一些电工仪表即可进行开通调度。系统的调试，应分别对探测器、区极、集极、消防联动控制装置和自动灭火设备按说明书单机逐台通电检查，正常后方能接入系统进行调试。

3.6.2 消防系统对接地电阻的要求

（1）火灾自动报警系统接地装置的接地电阻值应符合下列要求。

1）采用专用接地装置时，接地电阻值不应大于 4Ω。

2）采用共用接地装置时，接地电阻不应大于 1Ω。

（2）火灾自动报警系统应设专用接地干线，并应在消防控制室设置专用接地板。专用接地干线应从消防控制室专用接地板引至接地体。

（3）专用接地干线应采用铜芯绝缘导线，其线芯截面面积不应小于 $25mm^2$。专用接地干线宜穿硬质塑料管埋设至接地体。

（4）由消防控制室接地板引至各消防电子设备的专用接地线应选用铜芯绝缘导线，其线芯截面面积不应小于 $4mm^2$。

（5）消防电子设备凡采用交流供电时，设备金属外壳和金属支架等应作保护接地，接地线应与电气保护接干线（PE 线）相连接。

练习与思考

一、单选题

1. 系统中出现某一个探测器报故障，下列原因不可能的是（　　）。

    A. 探测器本身故障　B. 整条回路断线　　　C. 探测器被拆除　　　D. 地址码不正确

2. 要确认某个总线探测器的地址码，下列方法不正确的是（　　）。

    A. 用电子编码器　　　　　　　　　　　B. 用火灾报警控制器的器件点灯

    C. 用多线联动盘　　　　　　　　　　　D. 触发报警后查看报警信息

3. 交流双速电动机在进行（　　）时，必须对主电路进行换相操作。

    A. 高速启动　　　　B. 低速启动　　　　C. 速度切换　　　　D. 减速启动

4. 通常所讲的绝缘电阻是指（　　）。

    A. 体积电阻　　　　　　　　　　　　　B. 表面电阻

    C. 体积电阻与表面电阻的并联值　　　　D. 体积电阻与表面电阻的串联值

5. 火灾自动报警线路中，对线色的要求，（　　）是不对的。

    A. 探测器的安装接线＋应为红色，－应为蓝色

    B. 线色要全楼一致

C. 要分＋和－

D. 所有的24V，＋应为红色，－应为蓝色

6. 按探测区域，感烟火灾探测器分为（　　）。

A. 点型，线型两类

B. 离子感烟，光电感烟

C. 离子感烟，光电感烟，红外光束三类

D. 离子感烟，光电感烟，散射感烟，减光式感烟四类

7. 火灾报警控制器在安装就位之前进行一些基本性能试验，试验工作需在（　　）的常温室内进行，试验人员应全面熟悉设备的各项性能后，才能进行试验。

A. 干燥、无粉末、无振动、无烟雾　　　　B. 干燥、无粉末、无振动、无声音

C. 干燥、无电源、无振动、无烟雾　　　　D. 高处、无粉末、无振动、无烟雾

8. 非编码探测器输入模块（　　）。

A. 只能接非编码探测器　　　　　　　　B. 能接非编码或编码探测器

C. 能接水泵启停按钮　　　　　　　　　D. 能接非编码探测器和非编码手报按钮

9. 消防应急灯具控制装置、火灾警报装置等设备应分别进行（　　）通电检查。

A. 联机　　　　　B. 整机　　　　　C. 单机　　　　　D. 系统

10. 火灾报警控制器对备用电源的欠电压和过电压必须具备（　　）功能。

A. 监视　　　　　B. 反馈　　　　　C. 分析　　　　　D. 报警

11. 对消防系统设备的调整试验的主要内容包括线路测试、火灾报警设备的单体功能试验、系统的接地测试和（　　）的开通调试。

A. 单台主机　　　B. 整个系统　　　C. 整栋大楼　　　D. 整个片区

12. 为了保证新安装的火灾自动报警系统能安全可靠地投入运行，使其性能达到设计技术要求，在系统安装施工过程中和（　　）要进行一系列的调整试验工作。

A. 投入运行前　　B. 投入运行后　　C. 安装施工前　　D. 安装施工后

13. 消防控制室对气体灭火系统的控制和显示应满足显示系统的手动、（　　）及故障状态。

A. 自动工作状态　B. 停止状态　　　C. 动作状态　　　D. 监控状态

14. 消防控制室对消火栓系统的控制和显示应满足自动和手动控制消防水泵的启、停，并能接收和显示消防水泵的（　　）信号。

A. 传送　　　　　B. 反馈　　　　　C. 发射　　　　　D. 返回

15. 引至消防控制室接地板专用接地干线应采用铜芯绝缘导线，其线芯截面面积不应小于（　　）。

A. 15mm^2　　　B. 25mm^2　　　C. 35mm^2　　　D. 45mm^2

二、多选题

1. 电动机常用参数控制原则有（　　）。

A. 时间　　　　　B. 参数　　　　　C. 电流　　　　　D. 行程

E. 速度

2. 异步电动机的制动方式有（　　）。

A. 反接　　　　　B. 能耗　　　　　C. 电容　　　　　D. 再生

E. 发电

3. 三相异步电动机常用的调速方法有（　　）。

A. 改变临界转矩　　　　　　　　　　　B. 转子回路串联电阻（绕线式）

C. 改变电源频率　　　　　　　　　　　D. 改变磁极对数

E. 改变电源电压　　　　　　　　　　　F. 没有正确答案

4. 管线经过建筑物的变形缝（　　　）处，应采取补偿措施，导线跨越变形缝的两侧应固定，并留有适当余量。

A. 沉降缝　　　　B. 伸缩缝　　　　C. 抗震缝　　　　D. 避震缝

E. 连接处

5. 设备、材料及配件进入施工现场应有（　　　）等文件。

A. 清单　　　　　　　　　　　　　　B. 使用说明书

C. 质量合格证明文件　　　　　　　　D. 国家法定质检机构的检验报告

E. 施工报告

6. 对于线路故障的描述，下列说法正确的是（　　　）。

A. 短路隔离器可以对消防总线分区域隔离保护

B. 总线末端开路只会影响开路点之后的总线设备

C. 为了防止出现接地故障，消防系统不应引入接地

D. 消防线路不管接错哪个点，都会导致整个系统瘫痪

E. 对于区分极性的消防总线，L＋与L－接反就会出现故障

三、判断题

1. 连接方式为角形联结的交流电动机，误接为星形联结时，电动机运行状态为过载。（　　　）

2. 在可能产生腐蚀性气体的场所，可以选用离子感烟探测器。（　　　）

3. 有大量粉尘产生的场所，宜选用感温探测器。（　　　）

4. 在楼梯、走道、电梯机房等处，应选用线型感烟探测器。（　　　）

5. 火灾发展迅速，有强烈火焰辐射和少量烟、热，应选用感温探测器。（　　　）

6. 火灾自动报警系统导线敷设后，应用500V绝缘电阻表测量每个回路导线对地的绝缘电阻，该绝缘电阻值不应小于30MΩ。（　　　）

7. 同一工程中的导线，应根据不同用途选不同颜色加以区分，相同用途的导线颜色应一致。电源线正极应为红色，负极应为蓝色或黑色。（　　　）

8. 消防系统采用专用接地装置时，接地电阻值不应大于4Ω。（　　　）

9. 从接线盒、线槽等处引到探测器底座、控制设备、扬声器的线路，当采用金属软管保护时，其长度不应大于2m。（　　　）

10. 专用接地干线应采用铜芯绝缘导线，其线芯截面面积不应小于25mm²，专用接地干线宜穿硬质塑料管埋设至接地体。（　　　）

参考答案

单选题	1. B	2. D	3. C	4. C	5. D	6. A	7. A	8. D	9. C	10. D
	11. B	12. A	13. A	14. B	15. B					
多选题	1. ACDE	2. ABD	3. BCD	4. ABC	5. ABCD	6. ABE				
判断题	1. Y	2. N	3. Y	4. N	5. N	6. N	7. Y	8. Y	9. Y	10. Y

任务 4

火灾消防自动化系统的故障信息
查询与维护

该训练任务建议用 3 个学时完成学习及过程考核。

4.1 任务来源

系统故障将使整个系统陷入瘫痪，整个系统的功能失效。在系统的日常工作中应注意观察，及时发现系统的故障问题。在发现系统故障后，应及时的检查，排除故障，对于本单位无法处理的设备问题应尽快联系维修单位，及时的恢复系统的正常使用。

4.2 任务描述

系统故障的查询与维护是基于消防系统各种故障的处理方法上的一个综合运用。在日常工作中积累对各种故障现象的观察及相应的处理方法，掌握这些方法，通过火灾报警控制器查询系统所发生的故障信息，并进行处理。

4.3 能力目标

4.3.1 技能目标

完成本训练任务后，你应当能（够）：

1. 关键技能

- 会排除系统及电源故障。
- 会排除线路故障。
- 会排除设备故障。

2. 基本技能

- 消防系统的供电连接。
- 消防系统的通信连接。

4.3.2 知识目标

完成本训练任务后，你应当能（够）：

- 了解消防通信技术相关知识。
- 熟悉探测器及模块地址编码原理。
- 掌握消防系统常用器件种类名称。

4.3.3 职业素质目标

完成本训练任务后，你应当能（够）：
- 查询获得信息应做好记录。
- 遵守系统操作规范要求，养成严谨科学的工作态度。

4.4 任务实施

4.4.1 活动一 知识准备

下列知识可以由学员自学或老师讲授完成。
(1) 消防系统故障通常有哪些类型？
(2) 消防系统的线路故障有哪些类型？

4.4.2 活动二 示范操作

1. 活动内容

通过各种故障信息的反馈，首先进行查询，再根据故障现象查找可能的故障，进行故障排除或上报，使系统及时修复，保持正常运行。

2. 操作步骤

▪➤ **步骤一： 控制器的管理与维护要求**

- 值班人员应熟悉建筑物结构，掌握机器各种状态及操作。
- 注意观察机器状态，及时排除各种故障。
- 当建筑物进行基建施工时，应关掉机器，并保护消防设备。
- 在非工作状态下（运输、贮存等），应将备电与控制器断开。

▪➤ **步骤二： 控制器电源故障**

- 控制器在正常情况下，"主电运行"灯常亮，主电断电或接触不良时，"主电运行"灯熄灭；主电发生欠电压、备电发生欠电压或控制器发生接地故障时，控制器进入故障状态，故障音响开启，同时液晶上显示具体的故障信息。当故障现象消失时，故障灯熄灭。
- 当主电出现故障时，应查找供电线路的问题，如漏电开关跳闸或停电等原因。
- 若主电停电时间超过 8h，应关闭备电，否则因后备电池过放，下次通电时无法继续充电。

▪➤ **步骤三： 控制器的其他故障状态及排除方法**

- 控制器采用了先进的单片机技术，具有丰富的自诊断、自保护功能，给使用与维修带来很大方便。控制器常见故障及排除方法见表 4-1。
- 对于无法排除的故障应及时与经销商或厂家直接联系。

表 4-1　　　　　　　　　　控制器常见故障及排除方法

序号	故障现象	原因分析	排除方法
1	开机后无显示或显示不正常	1. 主电熔断器损坏。 2. 电源不正常。 3. 连接导线接触不良	1. 更换熔断器。 2. 检查更换电源。 3. 用万用表测量导线是否连接良好

序号	故障现象	原因分析	排除方法
2	开机后显示"主电故障"	主电熔断器座内熔丝熔断或接触不良	更换新的熔丝
3	开机后显示"备电故障"	1. 备电开关未打开。 2. 电源线未接好。 3. 备电熔断器熔断或接触不良。 4. 备电端子正负极是否短路。 5. 蓄电池亏电或已损坏	1. 把备电开关打开。 2. 接好电源线。 3. 更换新的备电熔断器。 4. 检查是否短路。 5. 充电完毕后仍不能消除故障则更换蓄电池
4	液晶不显示	1. 检查液晶与显示板是否连接好。 2. 检查背光插头是否插好	1. 重新接好。 2. 重新插好
5	键盘失效	软面板插排未插好	重新插好
6	无音响	扬声器插头未插好	重新插好
7	回路短路	回路总线短路	排除短路
8	时钟不走或走时不准	主机板的时钟芯片 DS12887 未插好或损坏	更换时钟芯片 DS12887 或重新插好

⟶ 步骤四：系统线路故障

- 系统某段线路的故障，可能导致整个系统的瘫痪，或者某一个线路段的所有设备的故障，严重影响系统的使用。
- 根据故障的情况可分以下两种。

(1) 线路中有短路隔离器，某一段设备报故障。

1) 此时应根据系统的连接关系，查找该段设备接于哪个短路隔离器，确定之后，先查看该隔离器的隔离指示灯，如果灯一直亮，则说明该隔离器所接的线路出现了短路，否则有可能是开路。

2) 断开线路，用万用表测量，逐点测试，确定故障点并排除。

(2) 整个系统的线路故障。

1) 如果系统中没有隔离器，或者故障点在隔离器之前，因总线短路或开路，整个系统显示线路故障或显示所有设备故障。

2) 此时应将控制器断电，线路断开，用万用表测量，逐点测试，确定故障点并排除。

⟶ 步骤五：系统故障信息查询

通过控制器菜单（见图 4-1）事件记录查询可查询到本机或其他联网控制器上传的所有事件，也包括故障。本查询可以根据日期、类型来查询，选择好查询的日期、查询事件类型按确认键开始查询。如下图所示：

```
07/01/15～07/01/16  类型：故障 0013

0013 07/03/26 11：23：46  01 楼 001 层

00 机 02 回路 030 号  感烟探测器

无响应
```

4.4.3 活动三　能力提升

系统当前有一部分设备报故障（模拟），通过故障查询，利用相应的方法，排除当前故障。教师可围绕关键技能点提出其他要求形成更多活动。

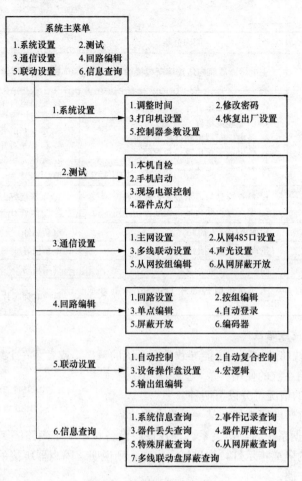

图 4-1　控制器菜单内容

4.5　效果评价

评价标准详见附录。

4.6　相关知识与技能

4.6.1　火灾自动报警系统容易出现的问题、产生的原因及简单的处理方法

（1）探测器误报警，探测器故障报警。原因：环境湿度过大，风速过大，粉尘过大，机械震动，探测器使用时间过长，器件参数下降等。处理方法：根据安装环境选择适当的灵敏度的探测器，安装时应避开风口及风速较大的通道，定期检查，根据情况清洁和更换探测器。

（2）手动按钮误报警，手动按钮故障报警。原因：按钮使用时间过长，参数下降，或按钮人为损坏。处理方法：定期检查，损坏的及时更换，以免影响系统运行。

（3）报警控制器故障。原因：机械本身器件损坏报故障或外接探测器、手动按钮问题引起报警控制器报故障、报火警。处理方法：用表或自身诊断程序判断检查机器本身，排除故障，或按（1）、（2）处理方法，检查故障是否由外界引起。

（4）线路故障。通常有短路故障、断路故障、接地故障、因线缆不匹配导致的故障、受现场环境干扰导致的故障等，原因：绝缘层损坏、接头松动、环境湿度过大造成绝缘下降。处理方法：用表检查绝缘程度，检查接头情况，接线时采用焊接、塑封等工艺。

4.6.2 消防栓系统容易出现的问题、产生的原因及简单的处理方法

（1）打开消火栓阀门无水。原因：可能管道中有泄漏点，使管道无水，且压力表损坏，稳压系统不起作用。处理方法：检查泄漏点、压力表，修复或安上稳压装置，保证消火栓有水。

（2）按下手动按钮，不能联动启动消防泵。原因：手动按钮接线松动，按钮本身损坏，联动控制柜本身故障，消防泵启动柜故障或连接松动，消防泵本身故障。处理方法：检查各设备接线、设备本身器件，检查泵本身电气、机构部分有无故障并进行排除。

4.6.3 自动喷水灭火系统容易出现的问题、产生的原因及简单的处理方法

（1）稳压装置频繁启动。原因：主要为湿式装置前端有泄漏，还会有水暖件或连接处泄漏、闭式喷头泄漏、末端泄放装置没有关好。处理办法：检查各水暖件、喷头和末端泄放装置，找出泄漏点进行处理。

（2）水流指示器在水流动作后不报信号。原因：除电气线路及端子压线问题外，主要是水流指示器本身问题，包括浆片不动、浆片损坏，微动开关损坏或干簧管触点烧毁或永久性磁铁不起作用。处理办法：检查浆片是否损坏或塞死不动，检查永久性磁铁、干簧管等器件。

（3）喷头动作后或末端泄放装置打开，联动泵后管道前端无水。原因：主要为湿式报警装置的蝶阀不动作，湿式报警装置不能将水送到前端管道。处理办法：检查湿式报警装置，主要是蝶阀，直到灵活翻转，再检查湿式装置的其他部件。

（4）联动信号发出，喷淋泵不动作。原因：可能为控制装置及消防泵启动柜连线松动或器件失灵，也可能是喷淋泵本身机械故障。处理办法：检查各连线及水泵本身。

4.6.4 防排烟系统容易出现的问题、产生的原因及简单的处理办法

（1）排烟阀打不开。原因：排烟阀控制机械失灵，电磁铁不动作或机械锈蚀引起排烟阀打不开。处理办法：经常检查操作机构是否锈蚀，是否有卡住的现象，检查电磁铁是否工作正常。

（2）排烟阀手动打不开。原因：手动控制装置卡死或拉筋线松动。处理办法：检查手动操作机构。

（3）排烟机不启动。原因：排烟机控制系统器件失灵或连线松动、机械故障。处理办法：检查机械系统及控制部分各器件系统连线等。

4.6.5 防火卷帘门系统容易出现的问题、产生的原因及简单的处理办法

（1）防火卷帘门不能上升下降。原因：可能为电源故障、电动机故障或门本身卡住。处理办法：检查主电、控制电源及电动机，检查门本身。

（2）防火卷帘门有上升无下降或有下降无上升。原因：下降或上升按钮问题，接触器触点及线圈问题，限位开关问题，接触器联锁动断触点问题。处理办法：检查下降或上升按钮，下降或上升接触器触点开关及线圈，查限位开关，查下降或上升接触器联锁动断触点。

（3）在控制中心无法联动防火卷帘门。原因：控制中心控制装置本身故障，控制模块故障，联动传输线路故障。处理办法：检查控制中心控制装置本身，检查控制模块，检查传输线路。

4.6.6 消防事故广播及对讲系统容易出现的问题、产生原因及简单的处理办法

（1）广播无声。原因：一般为扩音机无输出。处理办法：检查扩音机本身。

（2）个别部位广播无声。原因：扬声器有损坏或连线有松动。处理办法：检查扬声器及接线。

（3）不能强制切换到事故广播。原因：一般为切换模块的继电器不动作引起。处理办法：检查继电器线圈及触点。

（4）无法实现分层广播。原因：分层广播切换装置故障。处理办法：检查切换装置及接线。

（5）对讲电话不能正常通话。原因：对讲电话本身故障，对讲电话插孔接线松动或线路损坏。处理办法：检查对讲电话及插孔本身，检查线路。

 练习与思考

一、单选题

1. 联动信号发出，喷淋泵不动作，分析原因不可能的是（　　）。
 A. 消防泵启动柜连线松动　　　　　　　B. 器件故障
 C. 喷淋泵本身机械故障　　　　　　　　D. 火灾显示盘故障

2. 排烟阀打不开原因不可能是（　　）。
 A. 排烟阀控制机械失灵　　　　　　　　B. 电磁铁不动作
 C. 警号故障　　　　　　　　　　　　　D. 机械锈蚀

3. 比故障事件信息的显示有更优先权的是（　　）。
 A. 启动　　　　　　B. 火警　　　　　　C. 反馈　　　　　　D. 其他

4. 消火栓按钮的接线，不包括（　　）。
 A. 控制电源接通　　B. 信号模块的输入　　C. 直接启泵控制命令　　D. 启泵后的反馈信号

5. 对防火阀运用的描述，不正确的是（　　）。
 A. 70℃防火阀用在空调管道中　　　　　B. 280℃防火阀用在排烟管道中
 C. 280℃防火阀用在通风管道中　　　　　D. 70℃防火阀用在送风管道中

6. 非编码探测器模块（　　）。
 A. 只能接非编码探测器　　　　　　　　B. 能接非编码或编码探测器
 C. 能接水泵启停按钮　　　　　　　　　D. 能接非编码探测器和非编码手报按钮

7. （　　）的作用是进行检修或更换喷头时放空阀后管网余水。
 A. 放水阀　　　　　B. 止回阀　　　　　C. 湿式报警阀　　　　D. 信号蝶阀

8. 若（　　）回路出现短路问题，则整个回路失效，严重的会损坏部分控制器。
 A. 通信　　　　　　B. 总线　　　　　　C. 联动　　　　　　D. 消防泵和喷淋泵控制

9. 在智能楼宇中消防自动化的缩写是（　　）。
 A. BAS　　　　　　B. CAS　　　　　　C. FAS　　　　　　D. OAS

10. 散射型光电感烟探测器和遮光型光电感烟探测器的主要区别在（　　）。
 A. 暗室结构　　B. 电路组成　　C. 抗干扰办法　　D. 光束发射器

11. 正常情况下温度变化较大的场所，不宜选用（　　）探测器。
 A. 定温　　　　　　B. 差温　　　　　　C. 差定温　　　　　D. 以上都不对

12. 环境温度在0℃以下的场所，不宜选用（　　）探测器。
 A. 定温　　　　　　B. 差温　　　　　　C. 差定温　　　　　D. 以上都不对

13. 正常情况下有明火作业及X射线与弧光影响等情形的场所不宜选用（　　）。
 A. 差温探测器　　B. 定温探测器　　C. 线型感温探测器　　D. 感光火灾探测器

14. 催化型可燃气体火灾探测器是用（　　）作为探测器的气敏元件。

A. 气敏半导体元件　　　　　　　　B. 钨丝

C. 铂金丝　　　　　　　　　　　　D. 铜丝　.

15. 消防广播系统扩音机无输出应检查（　　）。

A. 广播喇叭　　　B. 火灾报警控制器　　C. 线路　　　　　D. 扩音机本身

二、多选题

1. 湿式喷水灭火系统是由（　　）等组成。

A. 闭式喷头　　　B. 管道系统　　　　C. 湿式报警阀　　　D. 报警装置

E. 储气装置

2. 闭式喷头按安装形式分（　　）洒水喷头。

A. 直立式　　　　B. 下垂式　　　　C. 边墙式　　　　　D. 吊顶式

E. 天花板式

3. 消防电话不能正常通话，原因有可能是（　　）。

A. 电话本身故障　B. 电话插孔接线松动　C. 线路损坏　　　D. 联动失效

E. 压力不足

4. 联动信号发出，喷淋泵不动作，原因可能是（　　）。

A. 控制装置连线松动　　　　　　　B. 消防泵启动柜连线松动

C. 器件故障　　　　　　　　　　　D. 喷淋泵本身机械故障

E. 排烟阀未打开

5. 火灾自动报警控制器的控制对象包括（　　）。

A. 火灾探测器　　B. 联锁设备　　　C. 联动设备　　　　D. 声光警报装置

E. 总线式广播模块

6. 水流指示器因本身问题在水流动后不报信号，有可能的原因是（　　）。

A. 浆片不动　　　B. 微动开关损坏　　C. 浆片损坏　　　D. 干簧管触点烧毁

E. 永久性磁铁不起作用

三、判断题

1. 应根据安装环境选择适当的灵敏度的探测器，安装时应避开风口及风速较大的通道，定期检查，根据情况清洁和更换探测器。（　　）

2. 交流双速电动机在进行切换时，若保证运行方向不变，必须对控制电路进行换相操作。（　　）

3. 供电系统工程中，应对急救中心实施一级负荷供电。（　　）

4. 变压器油可以在高压少油断路器中起灭弧作用。（　　）

5. 水流指示器主要起监视消防管道内有无消防水的作用。（　　）

6. 通过火灾报警控制器的信息查询可查到系统的总线设备数量。（　　）

7. 火灾自动报警系统中的强制认证（认可）产品还应有认证（认可）证书和认证（认可）标识。（　　）

8. 火灾自动报警系统中非国家强制认证（认可）的产品名称、型号、规格应与检验报告不一致。（　　）

9. 火灾自动报警系统设备及配件表面应无明显划痕、毛刺等机械损伤，紧固部位应无松动。（　　）

10. 火灾自动报警系统的布线，应符合现行国家标准《建筑电气工程施工质量验收规范》（GB 50303—2002）的规定。（　　）

参考答案

单选题	1. D	2. C	3. B	4. A	5. C	6. D	7. A	8. B	9. C	10. A
	11. B	12. A	13. D	14. C	15. D					
多选题	1. ABCD	2. ABCD	3. ABC	4. ABCD	5. BCDE	6. ABCDE				
判断题	1. Y	2. N	3. Y	4. Y	5. N	6. Y	7. Y	8. N	9. Y	10. Y

任务 ⑤

火灾事故的广播及电话系统
检测与维护

该训练任务建议用 3 个学时完成学习及过程考核。

5.1 任务来源

消防广播及消防电话是消防系统的指挥调度系统，在事故状态下，控制中心通过消防电话与现场及时取得联系，通过消防广播可以及时通知火灾事故现场人员及时疏散逃生。因此，必须保证消防广播及消防电话系统的正常状态，才能在紧急事故发生时，发挥它的作用。因此必须定期的检测与维护，保证系统的正常。

5.2 任务描述

消防广播及消防电话是消防系统的指挥调度系统，在事故状态下，控制中心通过消防电话与现场及时取得联系，通过消防广播可以及时通知火灾事故现场人员及时疏散逃生。为了保证系统的正常运行，必须进行定期检测与维护。

5.3 能力目标

5.3.1 技能目标

完成本训练任务后，你应当能（够）：

1. 关键技能

- 会消防广播故障检测与维护。
- 会消防电话故障检测与维护。
- 会消防广播和消防电话设备的检测与更换。

2. 基本技能

- 会消防广播的基本操作。
- 会消防电话的基本操作。

5.3.2 知识目标

完成本训练任务后，你应当能（够）：

- 了解消防通信技术相关知识。
- 熟悉探测器及模块地址编码原理。
- 掌握消防系统常用器件种类名称。

5.3.3 职业素质目标

完成本训练任务后，你应当能（够）：

- 电话插座应保持接触良好，避免影响通话质量。
- 遵守系统操作规范要求，养成严谨科学的工作态度。

5.4 任务实施

5.4.1 活动一 知识准备

下列知识可以由学员自学或老师讲授完成。

（1）消防广播消防电话的作用。

（2）简述消防广播及消防电话的检测要求。

5.4.2 活动二 示范操作

1. 活动内容

学习消防广播及消防电话的检测要求，针对实训设备进行各项检测操作，掌握系统的各项指标参数作为检测依据，列写出系统检测中存在的问题，针对这些问题作出判断提出维护需求。

2. 操作步骤

⇨ 步骤一： 消防广播消防电话的检测内容及要求

- 检查电话插孔、重要场所的对讲电话、对讲电话主机、播音设备、扬声器等是否处于正常完好状态。
- 试验电话插孔和对讲电话的通话质量，抽查数量不少于总数的30%。
- 试验选层广播，抽查数量不少于总数的30%。
- 试验从背景音乐状态下强制切换至事故应急广播状态的功能。

⇨ 步骤二： 消防广播的检测与维护

（1）使用注意事项。

- 定期测试（按前面板测试键）录放盘工作状态是否良好。
- 当有联动接于C线时，应通过J线定期检测C线连接情况。
- 关机后再次开机需等待5s，避免器件损坏。
- 为使消防广播录放主机长期工作于良好的运动状态下，应使用正版高品质的CD。

（2）消防广播的事故广播切换检测。

- 切换试验1：当消防广播系统处于正常广播状态时，按下消防广播主机前面板的"事故"按钮，消防广播主机启动事故广播，"事故广播输出口"此时输出事故广播信号。
- 切换试验2：当消防广播系统处于正常广播状态时，从消防广播主机后面板的"C"端子输入20~28V正脉冲电压，消防广播主机自动启动事故广播，"事故广播输出口"此时输出事故广播信号。

（3）选层广播检测。

- 总线式选层广播：首先启动要广播楼层的广播切换模块，再启动消防广播主机的事故广播，此时事故广播信号在该楼层播放。

• 多线式选层广播：在多线制广播分配盘上按下要广播楼层的按键，再启动消防事故广播，此时事故广播信号在该楼层播放。

• 说明：因本实训系统未配置消防广播分配盘，广播信号也没有接到每个实训台的消防广播切换模块，所以选层广播检测不做实际操作。

（4）消防广播的维护。

• 季度检查：在进行正常广播时，现场检查每个播音设备，是否能正常播音，播放声音是否清楚，检查中发现有故障或失效的播音设备应及时予以拆换。

• 年度检测：试验火灾事故广播设备的功能是否正常。在试验中不论扬声器当时处于何种工作状态（开或关），都应能紧急切换到火灾事故广播通道上，且声音清晰。

➡➡ 步骤三： 消防电话的检测与维护

（1）使用注意事项。

• 消防电话供电范围是 $DC24^{+10\%}_{-15\%}$ V 用户请勿使用超出供电范围的电源供电。电源熔断器规格为 2A，请勿自行更改熔断器的规格，以免不能正常工作或不能起到保护整机的作用。

• 选用低噪声的优质电源，以降低由此引起的通话噪声。

• 尽量选用低干扰的市话外线，增加外线通话清晰度。

• 消防电话单块用户板可连接 8 路电话分机，整机最高可装配 8 块用户板，用户可根据需要选装，用户根据需求增加用户板时应使新增用户板连续顺序排布，中间不应留有用户板的空位，必要时请与我公司取得联系，在技术人员指导下安装。

• 消防电话储存温度不得小于 −25℃，否则，将造成液晶显示屏永久性失效。

• 从低温环境中进入高温环境中，请等待电话总机的自身温度和环境温度相同，并保证机器内部无结露现象发生后在开机投入使用。

• 用户板的分机输出端虽有限流装置，但也不可使其长期对公共端直接短路。请保证外接线路处于正常状态，以保证电话总机处于良好的状态，从而最大限度保护用户的利益。

• 若长时间操作，液晶显示屏的背光长时间处于点亮状态，机器内可能有少许不适气味产生，不属于故障现象，用户请放心使用。

• 主机重复开机时间间隔应大于 5s。

• 定期使用测试和外线功能，检测主机和外线情况，发现问题及时处理。

• 无火警情况时，禁止使用自动 119 键。

• 未经生产厂商同意，不应擅自打开机箱维护，以免造成更大的损坏。

（2）消防电话的呼叫与接听。

• 现场呼叫控制中心：现场人员直接提起电话分机，或用便携式话筒插入现场的电话插孔，呼通控制中心，控制中心提起话筒即可与现场人中通话。

• 控制中心呼叫现场：当某路分机处于挂机状态时，按动拨号数字键正确输入其"地址"号码（液晶显示屏同时给予指示）后，按动呼/通键，液晶显示屏显示闪动被呼叫分机的"地址"和总数以及静止的火警字符，指示当前闪动的"地址"和总数是主机呼叫分机的"地址"和主机呼叫分机的总数，对应的火警电话分机振铃。现场提起话筒即可与控制中心通话。如下图所示：

（3）消防电话的维护。

季度检查：消防通信设备应进行消防控制室与所设置的所有对讲电话通话试验、电话插孔通话试验，通话应畅通，语音应清楚。

5.4.3 活动三　能力提升

要求对本实训配置的消防电话及消防广播进行检测与维护，消防电话检测每一个分机线路的通话功能，消防广播检测火灾事故的自动启动功能。教师可围绕关键技能提出其他要求形成更多活动。

5.5 效果评价

评价标准详见附录。

5.6 相关知识与技能

5.6.1 消防广播及消防电话的功能及故障处理

（1）系统完成的主要功能：当消防值班人员得到火情后，可以通过电话与各防火分区通话了解火灾情况，用以处理火灾事故，也可通过广播及时通知有关人员采取相应措施，进行疏散。

（2）容易出现的问题、原因及简单的处理办法。

1）广播无声。原因：一般为扩音机无输出。处理办法：检查扩音机本身。

2）个别部位广播无声。原因：扬声器有损坏或连线有松动。处理办法：检查扬声器及接线。

3）不能强制切换到事故广播。原因：一般为切换模块的继电器不动作引起。处理办法：检查继电器线圈及触点。

4）无法实现分层广播。原因：分层广播切换装置故障。处理办法：检查切换装置及接线。

5）对讲电话不能正常通话。原因：对讲电话本身故障，对讲电话插孔接线松动或线路损坏。处理办法：检查对讲电话及插孔本身，检查线路。

5.6.2 消防电话系统的配置要求

消防电话系统是消防通信的专用设备，当发生火灾报警时，它可以提供方便快捷的通信手段，是消防控制及其报警系统中不可缺少的通信设备，消防电话系统有专用的通信线路，在现场人员可以通过现场设置的固定电话和消防控制室进行通话，也可以用便携式电话插入插孔式手报或者电话插孔上面与控制室直接进行通话。

《火灾自动报警系统设计规范》要求：

（1）消防专用电话网络应为独立的消防通信系统。

（2）消防控制室应设置消防专用电话总机，且宜选择共电式电话总机或对讲通信电话设备。

（3）电话分机或电话塞孔的设置应符合下列要求。

1）下列部位应设置消防专用电话分机。

a）消防水泵房、备用发电机房、配变电室、主要通风和空调机房、排烟机房消防电梯机房及其他与消防联动控制有关的且经常有人值班的机房。

b）灭火控制系统操作装置处或控制室。

c）企业消防站、消防值班室、总调度室。

2）设有手动火灾报警按钮、消火栓按钮等处宜设置电话塞孔，电话塞孔在墙上安装时，其底边距地面高度宜为 1.3～1.5m。

3）特级保护对象的各避难层应每隔 20m 设置一个消防专用电话分机或电话塞孔。

（4）消防控制室、消防值班室或企业消防站等处，应设置可直接报警的外线电话。

5.6.3 消防广播系统的特点及扬声器的设置要求

1. 消防广播系统的特点

（1）实用性。消防广播系统设计力求简洁明了，操作简单易学，管理方便易行，满足客户的实际需要，突出保证常用功能的可靠性，少用或几乎不用的复杂易错难学的方面尽量予以避免，也降低了单位投资。系统功能齐全强大。

（2）经济性。充分利用原有设备，加入必要的配置，即可升级。使用具高品质的组合系统节省投资，具有较大的价格优势。

（3）可靠性。硬件上增加了抗干扰能力和容错能力。采用多通道技术，不会因为一个终端发生故障导致整个系统瘫痪。

（4）扩充性与开放性。系统留有扩展接口，可保证系统扩展时直接入相应设备就可完成系统扩展。在系统升级改造中，负责原有设备兼容，支持系统扩容及更新。

2. 扬声器设置要求

（1）民用建筑内扬声器应设置在走道和大厅等公共场所。每个扬声器的额定功率不应小于3W，其数量应能保证从一个防火分区内的任何部位到最近一个扬声器的距离不大于 25m。走道内最后一个扬声器至走道末端的距离不应大于 12.5m。

（2）在环境噪声大于 60dB 的场所设置的扬声器，在其播放范围内最远点的播放声压级应高于背景噪声 15dB。

（3）客房设置专用扬声器时，其功率不宜小于 1.0W。

练习与思考

一、单选题

1. 压力监测器在自动喷水灭火系统中常用作（　　）的自动开关控制器件。

　　A. 消防泵　　　　　B. 喷淋泵　　　　　C. 稳压泵　　　　　D. 以上都对

2. 在走道和大厅等公共场所消防广播系统每个扬声器的额定功率不应小于（　　）。

　　A. 0.3W　　　　　B. 300W　　　　　C. 3W　　　　　D. 30W

3. 消防广播系统设计力求简洁明了，操作简单易学，管理方便易行，满足用户的实际需要，突出保证常用功能的（　　）。

　　A. 可靠性　　　　　B. 经济性　　　　　C. 兼容性　　　　　D. 开放性

4. 客房设置专用扬声器时，其功率不宜小于（　　）。

A. 3W　　　　　　B. 1W　　　　　　C. 30W　　　　　　D. 15W

5. 下列部位不要求设置消防专用电话分机的是（　　　）。

A. 天台　　　　B. 消防水泵房　　　　C. 备用发电机房　　　　D. 消防电梯机房

6. 根据《火灾自动报警系统设计规范》要求，消防专用电话网络应为（　　　）的消防通信系统。

A. 合用　　　　　B. 高级　　　　　C. 独立　　　　　D. 以上都不对

7. 报警阀以后的自动喷水灭火管道应采用镀锌管或镀锌无缝钢管，其连接方式应用（　　　）连接。

A. 螺纹　　　　　B. 焊接　　　　　C. 粘接　　　　　D. 承插

8. 消防广播系统个别部位广播无声，分析原因可能是（　　　）。

A. 广播主机损坏　　　　　　　　　　B. 扬声器有损坏或连线有松动

C. 音频总线路故障　　　　　　　　　D. 以上都不对

9. 在环境噪声大于60dB的场所设置的扬声器，在其播放范围内最远点的播放声压级应高于背景噪声（　　　）。

A. 50dB　　　　　B. 35dB　　　　　C. 15dB　　　　　D. 75dB

10. 消防广播系统设计应留有扩展接口，可保证系统扩展时直接接入相应设备就可完成系统扩展。此描述是指消防广播系统设计要求的（　　　）。

A. 经济性　　　　B. 实用性　　　　C. 扩充性与开放性　　　D. 稳定性

11. 湿式消防系统平时管网由（　　　）封闭。

A. 试水装置　　　B. 喷头　　　　C. 湿式报警阀　　　　D. 压力开关

12. 消防报警系统中，每个报警控制阀控制的喷头数量，湿式系统和预作用系统，喷头数量不超过（　　　）个。

A. 800　　　　　B. 500　　　　　C. 300　　　　　D. 250

13. 消防报警系统中，每个报警控制阀控制的喷头数量，干式系统安装排气加速器的，喷头数量不超过（　　　）个。

A. 800　　　　　B. 500　　　　　C. 300　　　　　D. 250

14. 消防报警系统中，每个报警控制阀控制的喷头数量，干式系统无排气加速器的不超过（　　　）个。

A. 800　　　　　B. 500　　　　　C. 300　　　　　D. 250

15. 在走道和大厅等公共场所，消防扬声器的数量应能保证从一个防火分区内的任何部位到最近一个扬声器的距离不大于（　　　），走道内最后一个扬声器至走道末端的距离不应大于12.5m。

A. 50m　　　　　B. 10m　　　　　C. 25m　　　　　D. 60m

二、多选题

1. 消防广播及消防电话的功能主要是（　　　）。

A. 控制中心与各防火分区通话了解火灾情况

B. 通过广播指挥人员疏散

C. 现场人员可通过消防电话及时与控制中心取得联系

D. 播放背景音乐

E. 方便聊天

2. 水喷雾自动喷水灭火系统采用（　　　）喷头。

A. 标准型　　　　　B. 边墙型　　　　　C. 中速喷雾　　　　D. 高速喷雾

E. 直立型

3. 水喷雾自动喷水灭火系统灭火机理主要表现在（　　　）。

A. 表面冷却　　　　B. 窒息　　　　　C. 冲击乳化　　　　D. 稀释

E. 分解

4. 消防系统中双输入输出模块接线端子包括下列（　　　）。

A. L＋　L－　　　B. K11　K12　　　C. K21　K22　　　D. D1　D2

E. 24V＋　24V－

5. 自动喷淋灭火系统包括下列（　　　）设备。

A. 湿式报警阀　　　B. 稳压泵　　　　C. 水力警铃　　　　D. 压力开关

E. 消火栓泵

6. 消防系统主要包括下列（　　　）部分。

A. 消防自动报警系统　　　　　　　　B. 消防电话系统

C. 消防广播系统　　　　　　　　　　D. 消防自动喷淋灭火系统

E. 防排烟系统

三、判断题

1. 特级保护对象的各避难层应每隔 20m 设置一个消防专用电话分机或电话插孔。（　　　）

2. 消防广播系统有多线制与总线制。（　　　）

3. 现场广播喇叭不响有可能是音频线路断线了。（　　　）

4. 消防广播系统也是属于消防灭火装置。（　　　）

5. 每套消防广播系统只需一台功放器。（　　　）

6. 消防广播系统应采用专用广播音频线。（　　　）

7. 走道内最后一个扬声器至走道末端的距离不应大于 12.5m。（　　　）

8. 设有手动火灾报警按钮、消火栓按钮等处宜设置电话插孔，电话插孔在墙上安装时，其底边距地面高度宜为 1.3～1.5m。（　　　）

9. 自动喷水灭火系统，应在符合现行国家标准 GB 50084《自动喷水灭火系统设计规范》的条件下，压力开关、电动阀、电磁阀等按实际安装数量全部进行检验。（　　　）

10. 故障设备更换后不用任何测试即可投入使用。（　　　）

 参考答案

单选题	1. C	2. C	3. A	4. B	5. A	6. C	7. B	8. B	9. C	10. C
	11. B	12. A	13. B	14. D	15. C					
多选题	1. ABC	2. CD	3. ABCD	4. ABC	5. ABCD	6. ABCDE				
判断题	1. Y	2. Y	3. Y	4. N	5. N	6. Y	7. Y	8. Y	9. Y	10. N

任务 6

消防设备定期检测与试验操作

该训练任务建议用 3 个学时完成学习及过程考核。

6.1 任务来源

为了保证消防系统在火灾发生的时候能够起到扑灭火灾、减少事故损失的作用，必须使火灾自动探测及消防联动系统平时处于正常的工作待命的状态。如何保证系统的正常待命，这就是系统检测维护人员日常需要完成的工作。

6.2 任务描述

定期检测探测器功能、检测总线模块功能，试验消防系统联动设备启动功能，确保系统各个设备处于正常运行状态。

6.3 能力目标

6.3.1 技能目标

完成本训练任务后，你应当能（够）：

1. 关键技能

- 会消防设备定期检测。
- 会检测探测器。
- 会检测并联动控制消防喷淋系统、防火卷帘门和气体灭火装置。

2. 基本技能

- 能通过控制器手动启动联动设备。
- 熟练联动设备的基本操作。

6.3.2 知识目标

完成本训练任务后，你应当能（够）：

- 了解消防通信技术相关知识。
- 熟悉探测器及模块地址编码原理。
- 掌握消防系统常用器件种类名称。

6.3.3 职业素质目标

完成本训练任务后，你应当能（够）：

- 周期应有一定规律性，确保每次检查内容都能符合相关规定。
- 设备铭牌参数与检测结果偏差过大应及时安排维护或更换。

6.4 任务实施

6.4.1 活动一 知识准备

下列知识可以由学员自学或老师讲授完成。

（1）消防设备为何要进行定期检测？

（2）消防设备的检测周期有哪几种？

6.4.2 活动二 示范操作

1. 活动内容

学习消防系统的检测周期要求，针对消防自动喷淋灭火系统、气体灭火系统、防火卷帘系统的日常检测进行操作。

2. 操作步骤

➡ 步骤一： 明确设备的检测要求及周期

- 系统验收完毕后，应编制系统操作流程图、岗位操作规程并建立技术档案，岗位操作规程公布在消防泵房或系统设备附近。同时，培训专职和兼职消防人员，这些人员应熟悉系统的操作使用、保养、检查和试验。
- 设备的检测周期一般有日检、周检、月检、季检、半年检、年检。

➡ 步骤二： 控制器与探测器的检测

- 通过控制器的手动测试功能检测控制器的通信与控制功能。
- 通过满足探测器的报警条件模拟，检测探测器的功能。
- 通过专用测试仪器检测探测器与控制器的功能。

➡ 步骤三： 消防联动设备的检测

（1）消防喷淋系统的检测。

- 每月应对喷头进行一次外观检查，发现有不妥的喷头应及时更换，喷头上有异物时及时清除。更换或安装喷头均应使用专用扳手。
- 每月应对系统上所有控制阀的铅封、锁链进行一次检查，有破损或损坏的应及时修理更换。
- 每两个月应利用末端试验装置对水流指示器进行试验。
- 每月应对电磁阀作动作试验，动作失常时应及时更换。
- 每个季度应对报警阀旁的放水试验阀进行一次供水试验，验证系统的供水能力。
- 每月应对消防游泳池、消防水箱及消防气压给水设备的消防储备水位等进行检查，每两年应对消防供水设备进行检查、修补缺损和重新油漆。
- 每月应对消防水泵启动运转一次，内燃机驱动的消防水泵应每周启动运转一次。当消防水泵为自动控制启动时，应每月模拟自动控制的条件启动运转一次。

- 每月应对水泵接合器的接口及附件检查一次，并应保证接口完好、无渗漏、闷盖齐全。

（2）防火卷帘门的检测。

- 防火卷帘门应经常保持外观清洁，做好防酸、防碱、防潮保护。
- 每隔半年应启闭检查一次，每隔一年应彻底检修一次。
- 主要检修及保养部位。

1）传动部位润滑是否良好。

2）电器元件是否老化、松脱。

3）各连接紧固件是否松动。

（3）气体灭火系统的检测。

- 设置气体灭火系统保护的多为重要场所，因此，要高度重视系统物维护管理。必须严格按照规定进行日常检查和定期检查，并进行良好的维护保养，以保证系统良好的工作状态。使用单位必须配有经过专门培训的专职或兼职人员负责对系统进行检查，发现问题由系统生产厂家维修人员或具有从事消防工程维护保养资质的企业人员进行维护保养。
- 日常检查维护包括清洁、修理、油漆、每周巡检等工作，由专职的责任维护人执行。每周巡检应检查所有的压力表、操作装置、报警系统设备和灭火控制装置仪表等是否处于正常工作状态，检查管道和喷嘴是否完整无损或畅通，并确保它们在原设计位置上。
- 每周巡检应对封闭空间的情况及存放使用的可燃物进行核查，看其是否符合原设计要求。
- 一旦发现问题，责任维护人员应立即向主管工程师和安全保卫干部汇报，以便及时解决。
- 定期检查主要包括半年检、年检及其他检查。
- 系统投入使用后，每隔半年应进行一次全面检查和操作试验。检查项目包括：用称重法或液位测量器测定储存容器内的灭火剂质量，当任一瓶灭火剂量净重损失超过该瓶设计值的5%时，必须对该瓶进行再充装或予以更换；通过压力表检查卤代烷灭火剂储存容器内的压力，如果压力损失大于设计值的10%时，应充装氮气；对主要部件包括压力控制装置、灭火控制装置、报警设备等，应分别进行无破坏性的单元操作试验。每次检查结果，应有详细记录，并注明检查日期。
- 每年应由有经验的专家对系统进行一次全面检查和联动试验。年检项目与半年检相同，联动试验系指除喷射灭火剂之外所有的探测、报警、启动、控制操作的联合动作试验。

6.4.3 活动三 能力提升

针对消防自动喷淋灭火系统进行检测与试验，并列明它的检测周期及不同的检测周期所需检测的内容。教师可围绕关键技能点提出不同要求形成更多活动。

6.5 效果评价

评价标准详见附录。

6.6 相关知识与技能

6.6.1 消防系统的常规检查

1. 外观检查

（1）检查所有设备（如探测器底座、接线端子箱、手动按钮及报警控制器等）是否已全部安装布线、接线就绪。

（2）系统接地是否符合规范要求。火灾自动报警系统采用专用接地装置时，其电阻值不得大于 4Ω，采用共用接地时，不应大于 1Ω；消防电子设备采用交流供电时，其金属外壳和金属支架等应作保护接地，接地线应与电气保护接地干线（PE 线）相连接。

（3）检查探测器外形是否有损坏，如有损坏，应尽量交由厂家或专业维护企业回收处理，这是因为有些离子型的探测器含有放射性物质。

（4）检查报警控制器的各种旋钮、开关、插件等外形和结构是否完好。

2. 报警控制器的功能、性能检查

（1）通过火灾报警控制器上的手动检查装置检查报警控制器的各项功能是否正常，包括火警、各类故障监控功能、消音功能等是否正常。

（2）切断交流电源，观察备用电源自动投入工作情况，各项功能是否正常。

（3）观察各电压表、电流表的指示值是否正常。

（4）所有指示灯、开关、按钮应无损坏及接触不良情况。

（5）通过手动检查装置检查报警控制器的功能、性能时，自动灭火、输出控制接点等均不应动作，时钟亦不应停止计时。

3. 系统的功能、性能检查

（1）进行探测器的实效模拟试验时，观察报警控制器的声光显示报警是否正常，探测区域号与建筑部位的对应是否准确。

（2）拧下任何一个火灾探测器时，报警控制器上应有故障显示。

（3）如自动报警系统与自动灭火装置连接，在进行系统功能、性能检查前，应切断自动灭火装置与报警控制器的电气连接，但应检查报警控制器输出的灭火控制接点动作情况，如检查输出电压值或电流值是否符合要求等。

6.6.2 消防系统的定期检查

火灾自动报警系统投入运行后，应进行定期检查和试验，以确保系统正常和可靠性。

1. 每日检查

使用单位每日应检查报警控制器和区域报警控制器的功能（如火警功能、故障功能、复位、消音等）是否正常，指示灯是否损坏。检查方法为：有自检、巡检功能的可通过扳动自检、巡检开关来检查其功能是否正常；没有自检、巡检功能的，可采用给探测器加烟、加热的方法使探测器报警，来检查报警控制器或区域报警控制器的功能是否正常。如发现不正常，应在日登记表中记录并及时处理。

2. 每周检查

进行主、备电源自动切换试验。

3. 季度试验和检查

（1）按说明书的要求，用专用加烟、加热试验器（无专用工具的可采用电热吹风等器具）分期分批试验探测器的动作是否正常，指示灯显示是否清晰。发现有故障的应及时更换。

（2）试验火灾警报装置的声、光显示是否正常。在实际操作过程时，可一次进行全部试验或部分试验，但要注意试验前作好安排，以免造成不必要的恐慌和混乱。

（3）试验自动喷水灭火系统管网上的火灾报警装置、水流指示器、压力开关等报警功能、信号显示是否正常。

（4）对备用电源进行一两次充放电试验，一两次主、备电源自动切换试验。试验方法为：切断主电源，看是否切换到备用电源供电，备用电源指示灯是否亮灯，4h后，再恢复主电源供电，看是否自动转换，再检查一下备用电源是否正常充电。

（5）有联动控制功能的系统，应以自动或手动方式检查消防控制设备的显示功能。

1）防排烟设备、电动防火阀、电动防火门、防火卷帘等的控制设备。

2）室内消火栓、自动喷水灭火系统等的控制设备。

3）卤代烷、二氧化碳、干粉、泡沫等固定灭火系统的控制设备。

4）火灾事故广播、火灾事故照明及灯光疏散指示标志。

（6）强制消防电梯停于首层试验。

（7）消防通信设备应在消防控制室进行对话通话试验。

（8）检查所有转换开关，如电源转换开关、灭火转换开关、防排烟、防火门、防火卷帘等转换开关，警报转换开关，应急照明转换开关等是否正常。

（9）强制切断非消防电源功能试验。此项试验也应作事前准备，避免造成混乱和其他意外事故。

4. 年度试验和检查

每年应对安装的所有探测器检查测试一遍，其他报警、警报、联动设备的功能试验也应根据系统运行情况进行相应试验和检查测试。

6.6.3 消防系统的一般常见故障及其检查

（1）主电源故障。检查输入电源是否完好，熔丝有无烧断、接触不良等情况。

（2）备用电源故障。检查充电装置、电池是否损坏，连线有无断线。

（3）探测器回路故障。检查该回路至火灾探测器的接线是否完好，火灾探测器有无被人取下，终端监控器有无损坏。

（4）误报火警。应勘察误报的火灾探测器的现场有无蒸汽、油气、粉尘等影响火灾探测器正常工作的环境存在，如有，应设法排除。对于误报频繁而又无其他干扰影响正常工作的火灾探测器，应及时更换。

（5）一时无法排除的故障，应立即通知生产厂家、施工或专业维修单位尽快修复，恢复正常工作。

6.6.4 湿式报警阀的维护

湿式报警阀是自动喷水灭火系统的中枢神经，它的正常工作与否直接影响着整个系统的正常运行，因此对湿式报警阀的日常维护十分重要。

（1）应半月检查一次警铃转动是否正常，检查时打开放水阀，报警阀瓣因水压差而自动打开，水流入延迟器经20～30s后，警铃发出报警声响。如果警铃不发出响声，应检查整个警铃管道，排除其水垢、泥沙及污物，使水流畅通，防止报警失灵。若警铃校验旋塞关闭后，警铃仍发声，则应检查校验旋塞是否关紧、在报警阀的环形水槽上是否积聚了障碍物、报警阀瓣下的橡胶是否老化或皱褶，对这些故障应及时排除。

（2）半年检查一次流动水压，检查时打开放水阀，警铃发出报警声响，此时，压力表所显示的压力值不应明显下降，如果下降较为显著，应检查闸阀是否堵塞或未开最大；如果压力表所显示的压力下降比较明显，且警铃不报警，应检查湿式报警止回阀的阀瓣启动是否正常。

（3）检查阀瓣上橡胶垫片的密封面，清除附着在橡胶密封垫上的污物和异物，如有磨损或损坏，应及时更换。

（4）每年应检查一次密封件和阀座环形槽，清除污物或异物，如有破损，应以备件更换。

（5）根据消防用水的水质情况，定期打开过滤器上排污口，清理脏物。

（6）日常注意消防水池的水位及水压和相应阀门所处状态是否符合规范要求。

（7）误报警的处理。

发现误报警时，可检查整个管网是否漏水，检查延迟器溢出孔是否堵塞或排水不畅。打开泄放试验阀可排空系统内积水或检验供水管网是否堵塞。

检查湿式报警阀阀瓣组件与阀座之间是否密封不严，使大量的水进入延迟器。

检查管网中的喷头是否因意外原因导致将释放机构启动。

查出误报警原因后，应及时处理，以确保系统任何时候都处于良好的备用状态。

 练习与思考

一、单选题

1. 消防泵可在多处启动，不包括（　　）。
   A. 消防控制室内，总线自动控制方式　　　B. 消防控制室内，手动直接控制
   C. 由分布在现场的多个消火栓按钮启动　　D. 消防泵房的配电柜上自动控制方式启动

2. 火灾自动报警与风路系统联动的设备，不包括（　　）。
   A. 加压送风　　　B. 机械排风　　　C. 局部排风　　　D. 通风空调

3. 防排烟系统中，常闭排烟口，火灾时打开，（　　）。
   A. 用输入输出模块配合　　　　　B. 用输入模块配合
   C. 用输出模块配合　　　　　　　D. 用双输入输出模块配合

4. 火灾自动报警系统采用综合接地时，其电阻值不得大于（　　）Ω。
   A. 7　　　　　　B. 3　　　　　　C. 1　　　　　　D. 4

5. 消防防排烟设备包括防火门、防火卷帘、防火阀、挡烟垂壁、排烟风机和（　　）等设备。
   A. 屋顶风机　　　B. 轴流风机　　　C. 加压风机　　　D. 离心风机

6. 水喷淋系统中，湿式报警阀的信号通过（　　）送到信号总线。
   A. 输入模块　　　B. 输出模块　　　C. 输入输出模块　　　D. 双输入输出模块

7. 火灾时，空调系统（　　）防火阀切断管道。
   A. 50℃　　　　　B. 70℃　　　　　C. 170℃　　　　　D. 230℃

8. 输入模块作为输入信号与（　　）连接的桥梁，并赋予该信号地址码。
   A. 输入模块　　　B. 外围设备　　　C. 信号总线　　　D. 地址总线

9. 检测消防管路中是否有水，应加装（　　）。
   A. 水流开关　　　B. 压力开关　　　C. 湿式报警阀　　　D. 报警信号阀

10. 消防防排烟设备有很多，其中不包括（　　）。

任务 6

A. 防火门，防火卷帘　　　　　　　　　B. 屋顶风机，轴流风机
C. 防火阀，挡烟垂壁　　　　　　　　　D. 排烟风机，加压风机

11. 探测器或模块到报警控制器的接线，同一工程中，用途相同的导线其（　　）应一致。
　　A. 承受的电压　　B. 流过的电流　　C. 选用颜色　　D. 没有规定

12. 系统供水的唯一动力来自（　　）。
　　A. 消防水池　　B. 消防水箱　　C. 湿式报警阀　　D. 供水水泵

13. 消火栓栓口的出水压力超过（　　）时，应采取减压措施，控制出水口压力。
　　A. 0.3MPa　　B. 0.5MPa　　C. 0.7MPa　　D. 1.0MPa

14. 室内减压稳压消火栓为了避免泄水孔不被异物堵塞失灵，建议在消防水泵吸水管上设置（　　）。
　　A. 节流板　　B. 止回阀　　C. Y型过滤器　　D. 安全阀

15. 设有消防给水系统的建筑物，其各层均应设置（　　）。
　　A. 消火栓　　B. 火灾显示盘　　C. 喷淋装置　　D. 消防泵

二、多选题

1. 水喷雾自动喷水灭火系统灭火机理主要表现在（　　）。
　　A. 表面冷却　　B. 窒息　　C. 冲击乳化　　D. 稀释
　　E. 分解

2. 使用单位应每日检查报警控制器和区域报警控制器的功能，包括（　　）。
　　A. 火警功能　　B. 故障功能　　C. 复位　　D. 消音
　　E. 指示灯是否正常

3. 对于自动喷水灭火系统的季度检查，应试验自动喷水灭火系统管网上的（　　）等报警功能、信号显示是否正常。
　　A. 火灾报警装置　　B. 水流指示器　　C. 压力开关　　D. 功能模块
　　E. 火灾探测器

4. 桥架安装时，严禁采用下列方法（　　）。
　　A. 气焊　　B. 电焊　　C. 气割　　D. 切割机
　　E. 手电钻

5. 安全阀一般安装在集流管上，泄压口不应朝向（　　）。
　　A. 上方　　B. 操作面　　C. 通道　　D. 有人经过的地方
　　E. 下方

6. 灭火的基本方法有（　　）。
　　A. 冷却法　　B. 隔离法　　C. 窒息法　　D. 抑制法
　　E. 扑灭法

三、判断题

1. 消防电梯迫降是指强制消防电梯停于首层。（　　）

2. 每年应对安装的所有探测器检查测试一遍，其他报警、警报、联动设备的功能试验也应根据系统运行情况进行相应试验和检查测试。（　　）

3. 在电气控制图中，属于同一电器的不同部件应画在一起，各电气元件一般应按动作顺序从上到下，从左到右地依次排列。（　　）

4. 消防水泵常用离心泵。（　　）

5. 一个消防系统中，或者是干式报警系统，或者是湿式报警系统，二者不能同时在一个系

统中出现。（　　）

6. 干式喷水灭火系统其管道系统、喷头布置与湿式系统完全相同。（　　）

7. 每个回路按实际安装数量 10%～20% 的比例进行抽验，但抽验总数应不少于 20 只。（　　）

8. 自动喷水灭火系统，应在符合现行国家标准 GB 50084《自动喷水灭火系统设计规范》的条件下，水流指示器、信号阀等按实际安装数量的 30%～50% 的比例进行抽验。（　　）

9. 防烟排烟风机应全部检验，通风空调和防排烟设备的阀门，应按实际安装数量的 10%～20% 的比例，抽验联动功能，并应符合报警联动开启、消防控制室开启、现场手动开启防排烟阀门 1～3 次。（　　）

10. 消防联动控制系统中其他各种用电设备、区域显示器应按实际安装数量超过 10 台者，按实际安装数量 30%～50% 的比例、但不少于 5 台抽验。（　　）

参考答案

单选题	1. D	2. C	3. A	4. C	5. C	6. A	7. B	8. C	9. B	10. C
	11. C	12. D	13. B	14. C	15. A					
多选题	1. ABCD	2. ABCDE	3. ABC	4. ABC	5. BCD	6. ABCD				
判断题	1. Y	2. Y	3. N	4. N	5. N	6. Y	7. Y	8. Y	9. Y	10. Y

任务

消防监控软件（网络版）的
联机通信与基本操作

该训练任务建议用 3 个学时完成学习及过程考核。

7.1 任务来源

消防监控软件是系统的监控平台，可以接收控制器的所有火警、预警、故障、启动、停止等事件信息，所有信息均自动保存到数据库中，用户可以随时查看及打印输出。设备所处状态在平面图上以不同的动画形式显示。在正常监控时可以对控制器进行复位、自检、消音、查看平面图等操作，在没有任何报警时用户可以播放背景音乐输出给大楼广播系统。工程安装调试人员必须掌握软件的操作及通信调试。

7.2 任务描述

能够连接火灾报警控制器与消防监控电脑的通信线，能够进行消防监控软件的基本操作。

7.3 能力目标

7.3.1 技能目标

完成本训练任务后，你应当能（够）：

1. 关键技能

- 会消防监控软件的通信线连接。
- 会消防监控软件的通信端口设置。
- 会在监控软件中编辑某一个设备的信息及启动某一个现场设备。

2. 基本技能

- 会消防监控软件的基本操作。
- 会九针串口连接头的制作。

7.3.2 知识目标

完成本训练任务后，你应当能（够）：

- 了解消防通信技术相关知识。
- 熟悉探测器及模块地址编码原理。
- 掌握消防系统常用器件种类名称。

7.3.3 职业素质目标

完成本训练任务后，你应当能（够）：
- 软件功能和权限应严格按照管理需要设置，登录密码要妥善保管。
- 遵守系统操作规范要求，养成严谨科学的工作态度。

7.4 任务实施

7.4.1 活动一 知识准备

下列知识可以由学员自学或老师讲授完成。

（1）简述消防监控软件可监视及控制的内容。

（2）CRT 与火灾报警控制器的通信用什么接口？通信距离有何要求？

7.4.2 活动二 示范操作

1. 活动内容

学习消防监控软件的连接、通信设置、监视及接警处理操作，能够通过软件复位所连接的控制器，启动消防广播等设备。

2. 操作步骤

➡ 步骤一： 消防监控软件的安装

- 消防监控软件的配套组件：安装光盘 1 张、USB 软件锁 1 个、RS232 通信线 1 根、说明书 1 份。
- 说明：一般消防监控软件在厂家出厂时都已安装在电脑，配上厂家配套的软件狗即可使用，也有的厂家不用软件狗，只用安装序列号。根据每个工程规模的不同，厂家还会限制软件的可使用的容量，即通常所说的设备点数。

➡ 步骤二： 消防监控软件的连接

- RS232 通信线接线图：RS232 通信线接线图如图 7-1 所示。
- RS232 通信线组件：DB9 针接插头 2 个、三芯屏蔽电缆线 3m。
- 消防监控软件通信连接图如图 7-2 所示。

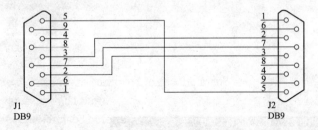

图 7-1 RS232 通信线连接图

➡ 步骤三： 软件参数设置

- 系统设置：该项功能只有拥有系统管理员以上权限的人才可使用，在系统投入正式运

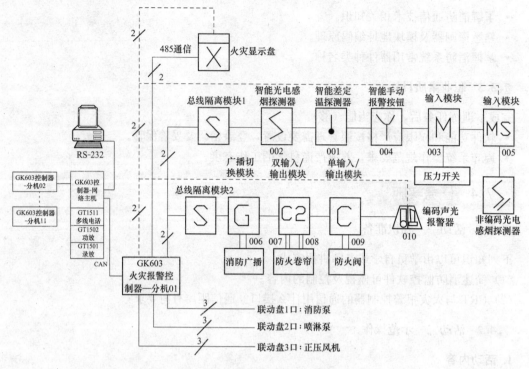

图 7-2　消防监控软件通信连接图

行以前，必须首先完成这里所涉及的所有设置工作。管理系统界面如图 7-3 所示。

（1）参数设置界面如图 7-4 所示。

1）根据实际使用计算机串行口的情况，选择适当的串行口；在波特率的选择上应与控制器的波特率选择保持一致。

2）请将通信间隔选为 100ms，通信超时选为 50ms，不要轻易改变。

3）"自动存盘间隔"是指在绘制平面图时每次自动将当前绘图文件保存为 drawtemp.pic 的时间间隔。

4）当报警来源选为"模拟报警"时，在工具条上会出现"模拟报警"演示开始和结束的两个按钮，用户可进行模拟演示，但这时也可接受实际报警，为避免误操作，在正式投用后选择"实际报警"为好。

5）语音报警可选择为打开或关闭。

图 7-3　管理系统界面

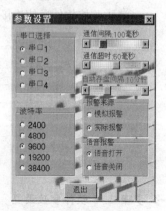

图 7-4　参数设置界面

（2）数据库管理。

1）操作员数据库。在系统运行以前，必须针对某一工程的具体情况设置各权限的操作人员和密码，该表可打印。

2）网络设置数据库。强烈建议在设置网络设置数据库、回路设置数据库、联动设置数据库以前仔细阅读 G5、G6 控制器的使用说明书，该软件的这一部分是完全按照控制器的要求来做的，只是在有些数据的表达方式上有所不同下面将主要介绍这些不同之处。

a）该软件可管理 16 个控制器，在设置时应注意选择正确的控制器号，控制器号的范围是 0-15。

b）在回路参数设置中，应注意输入正确的回路号，回路号的范围是 1～16。

c）"分类"是指层、区、地址和控制器。

d）"分类数据"是指相应的层号、区号、回路地址号，如在控制器中 7 回路 12 号的表示方式为 0712，这里表示为 7-12，在回路和地址之间用"-"间隔。

e）在所用可选择输入的地方都有一个可下拉的选择框供选择。

f）任何"清除"、"打印"、"将设置从控制器读出"、"将设置写到控制器"都是仅针对当前所选择的控制器（及回路）进行的操作。

g）点击"将设置从控制器读出"可以从控制器中读出当前设置页的内容，而不是所有控制器中的设置内容；点击"将设置写入控制器"可以将当前设置页的内容写入控制器中。

h）每一类数据库的输入界面上都有多页可供选择，每一页代表一项数据库。

3）回路设置数据库。用于输入控制器的回路设置，当绘制平面图存盘时系统自动将布的各点信息加入到回路设置数据库中，其中的"图形文件名"一项内容用于在火警时调入相应的楼层平面图，用户不可轻易改变。

4）联动设置数据库。

• 平面图编辑。

这是该软件使用中最复杂的一部分，它提供一个交互式的火灾报警平面图绘制环境，提供丰富的颜色选择，可对区域提供拷贝、粘贴、删除、取消操作，能定时自动保存当前绘图文件，提供常用的绘图元素，有探头、模块基本图元、门、电梯、双线撤离通道等，可导入 AutoCAD12 的 DXF 格式的图形文件。在一幅平面图中可以包括以下三部分：BMP 格式的背景位图、AutoCAD12 DXF 文件、自己绘制的部分，这三部分以相互叠加的方式存在。

图形编辑部分的详细内容参考国泰怡安软件说明书。

➡➡ **步骤四：软件的基本操作与报警处理**

• 软件工具按钮功能。

软件工具按钮功能如图 7-5 所示。

• 报警后软件的主要操作。

1）报警后软件界面的变化。报警后，软件界面分为四个部分。

a）上部：为操作菜单和快捷按钮，菜单的功能从文字中可直观看出。

b）左边：报警楼层提示区，其最左边的数字，从−99 到 127，分别表示地下−99 层到地上 127 层，当有故障时，显示黄色楼层数字；有火警时，显示红色楼层数字。用鼠标左键点楼层数字的右边，该窗口会展开，有一列变为三列，第二列用红色表示该楼层的火警数，第三列用黄色表示该楼层的故障数。如用鼠标左键点击第三列故障数的右边，该窗口又会变小。当有多层报警时，点击不同的层号，会使平面图在各层之间切换显示。

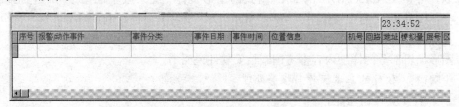

(1)、**启动**：软件进入与控制器的通信状态，系统运行，这时在软件的主标题栏上显示"系统运行"字样。该项操作需选择操作者，并且输入密码，该操作将记录在软件操作档案中。

(2)、**停止**：软件终止与控制器的通信状态，系统停止运行，这时在软件的主标题栏上显示"系统运行"字样消失。该项操作需选择操作者，并且输入密码，该操作将记录在软件操作档案中。

(3)、**消音**：关掉报警提示音。

(4)、**放大**：每按一次，均将平面图放大显示一倍。

(5)、**缩小**：每按一次，均将平面图缩小显示一倍。

(6)、**复位**：复位本软件及控制器。

(7)、**自检**：给控制器发自检命令。

(8)、**记录**：点一下该按钮屏幕底部的报警记录窗口出现，用左键在任一条记录上点一下，该窗口将放大；再点一下该窗口将缩小，如此循环。

(9)、**联动**：在有火警事件的情况下点击该按钮，将显示当前报警的应急方案和所涉及的联动控制。

(10)、**撤离通道自动跟踪**：在撤离通道自动跟踪时，"小人"在跑动的过程中，就会自动调整显示的内容，使用户无法通过滚动条来浏览平面图；此时可以点击该按钮，关闭撤离通道自动跟踪；需要时，你可以再点击该按钮，打开撤离通道自动跟踪。

(11)、**模拟**：在系统设置中，如果选择了"模拟报警"，就会使能该按钮，点击一下该钮就会出现一个模拟报警的演示画面。

(12)、**停止**：在系统设置中，如果选择了"模拟报警"，该按钮就会有效，按一下该按钮就会关闭正在进行的一个模拟报警的演示画面。

(13)、**退出**：退出本软件。

图 7-5　软件工具按钮功能

c）右边：应急方案和联动控制区。

d）中间：平面图显示区，无报警时，该区循环显示一些风景图片；报警后，显示相应的平面图。此时用鼠标左键在探测器、模块图标左上角点一下，就会出现一个对话框，显示所选探测器/模块的信息，如是烟感探测器头，还可以激活模拟量曲线显示功能；如果在远离探测器/模块图标的地方点一下左键，将导致平面图刷新。当然，在平面图的任何地方按右键，也能导致平面图刷新。

e）下部：报警事件记录区。

f）记录：在工具条上"记录"按钮上点一下，该按钮屏幕底部的报警记录窗口出现，用左键在任一条记录上点一下，该窗口将放大；再点一下该窗口将缩小，如此循环，如图 7-6 所示。

						23:34:52			
序号	报警/动作事件	事件分类	事件日期	事件时间	位置信息	机号	回路	地址	模拟量	层号	区

图 7-6　报警记录窗口

g）联动：在工具条上"联动"按钮上点击一下，将显示如图 7-7 所示的界面。显示当前报警的应急方案和所涉及的联动控制。

此时，点一下"联动控制"页按钮，将出现如图 7-8 所示界面，用鼠标左键在需启动、停止的设备上点击一下，选中该设备后，再按左边的"启动"、"停止"按钮，即可启动、停止该设备。所有当前平面图内的联动横块都将出现在本列表框中。

2）显示报警平面图时用户可进行的主要操作。

a）在平面图显示时，按右键可刷新平面图，用鼠标左键在平面图的探测器上点一下，根据探头类型的不同将出现如图 7-9 所示界面。

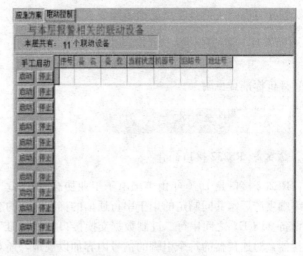

图 7-7　消防应急处理方案　　　　　图 7-8　联动设备显示

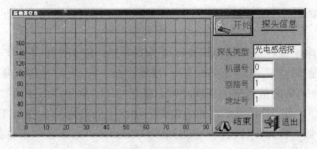

图 7-9　探头信息界面

在该界面下，显示出该探测器的相关信息。按"开始"按钮可显示探测器的模拟量曲线，"结束"按钮停止模拟量曲线显示。"退出"按钮退出本对话框。在此对话框中显示非光电感烟探测器的相关信息，如图 7-10 所示。

b）用鼠标左键在平面图中的模块上点一下，将显示如图 7-11 所示的模块信息并可直接启动或停止模块。

c）在离探测器、模块较远的地方（用左键点一下或按右键可刷新平面图）。

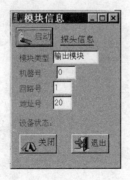
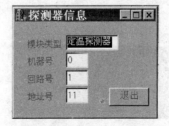

图 7-10　探测器信息显示界面　　　图 7-11　模块信息显示界面

7.4.3　活动三　能力提升

进行消防监控电脑与火灾报警控制器的连接，完成相应的系统设置，并进行指定的软件操

59

作。教师可围绕关键技能点提出不同要求形成更多活动。

7.5　效果评价

评价标准详见附录。

7.6　相关知识与技能

7.6.1　RS232 接口简介

RS232 接口是 1970 年由美国电子工业协会（EIA）联合贝尔系统、调制解调器厂家及计算机终端生产厂家共同制定的用于串行通信的标准。它的全名是"数据终端设备（DTE）和数据通信设备（DCE）之间串行二进制数据交换接口技术标准"。该标准规定采用一个 25 个脚的 DB25 连接器，对连接器的每个引脚的信号内容加以规定，还对各种信号的电平加以规定。随着设备的不断改进，出现了代替 DB25 的 DB9 接口，现在都把 RS232 接口叫作 DB9。

RS232 是现在主流的串行通信接口之一，由于 RS232 接口标准出现较早，难免有不足之处，主要有以下四点。

（1）接口的信号电平值较高，易损坏接口电路的芯片。RS232 接口任何一条信号线的电压均为负逻辑关系。即：逻辑"1"为−3～−15V；逻辑"0"：+3～+15V，噪声容限为 2V。即要求接收器能识别高于+3V 的信号作为逻辑"0"，低于-3V 的信号作为逻辑"1"，TTL 电平为 5V 为逻辑正，0 为逻辑负。与 TTL 电平不兼容故需使用电平转换电路方能与 TTL 电路连接。

（2）传输速率较低，在异步传输时，波特率为 20kbit/s；因此在"南方的老树 51CPLD 开发板"中，综合程序波特率只能采用 19200，也是这个原因。

（3）接口使用一根信号线和一根信号返回线而构成共地的传输形式，这种共地传输容易产生共模干扰，所以抗噪声干扰性弱。

（4）传输距离有限，最大传输距离标准值为 50ft，实际上也只能用在 15m 左右。

7.6.2　RS232 接口定义

DB9 接口如图 7-12 所示，DB25 接口如图 7-13 所示，DB25 转 DB9 接线图如图 7-14 所示。

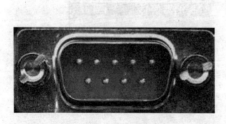

图 7-12　DB9 接口图

图 7-13　DB25 接口图

DB9 接口的左上角为 1，右下角为 9；其中：1DCD 载波检测；2RXD 接收数据；3TXD 发送数据；4DTR 数据终端准备好；5SG 信号地；6DSR 数据准备好；7RTS 请求发送；8CTS 允许发送；9RI 振铃提示。

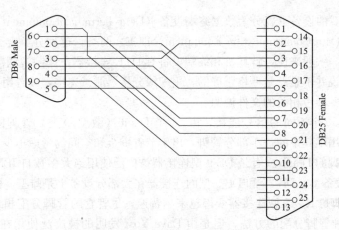

9芯接口	25芯接口
3	2
2	3
7	4
8	5
6	6
5	7
1	8
4	20
9	22

图 7-14　DB25 转 DB9 接线图

DB25 接口的左上角为 1，右下角为 25；其中：1 屏蔽地线；2TXD 发送数据；3RXD 接收数据；4RTS 请求发送；5CTS 允许发送；6DSR 数据准备好；7SG 信号地；8DCD 载波检测；9 发送返回（＋）；10 未定义；11 数据发送（－）；12～17 未定义；18 数据接收（＋）；19 未定义；20 数据终端准备好 DTR；21 未定义；22 振铃 RI；23～24 未定义；25 接收返回（－）标准的细节。

在 RS232 标准中，字符是以一串行的比特串来一个接一个的串行（serial）方式传输，优点是传输线少，配线简单，传送距离可以较远。最常用的编码格式是异步起停（asynchronous start-stop）格式，它使用一个起始比特后面紧跟 7 或 8 个数据比特（bit），然后是可选的奇偶校验比特，最后是一或两个停止比特。所以发送一个字符至少需要 10 比特，带来的一个好的效果是使全部的传输速率，发送信号的速率以 10 划分。一个最平常的代替异步起停方式的是使用高级数据链路控制协议（HDLC）。

在 RS232 标准中定义了逻辑 1 和逻辑 0 电压级数，以及标准的传输速率和连接器类型。信号大小在正的和负的 3～15V。RS232 规定接近 0 的电平是无效的，逻辑 1 规定为负电平，有效负电平的信号状态称为传号 marking，它的功能意义为 OFF，逻辑 0 规定为正电平，有效止电平的信号状态称为空号 spacing，它的功能意义为 ON。根据设备供电电源的不同，±5、±10、±12 和 ±15 这样的电平都是可能的。

mark 和 space 是从电传打字机中来的术语。电传打字机原始的通信是一个简单的中断直流电路模式，类似与圆转盘电话拨号中的信号。Marking 状态是指电路是断开的，spacing 状态就是指电路是接通的。一个 space 就表明有一个字符要开始发送了，相应的停止的时候，停止位就是 marking。当线路中断的时候，电传打字机不打印任何有效字符，周期性的连续收到全 0 信号。

RS232 设计之初是用来连接调制解调器做传输之用，也因此它的脚位意义通常也和调制解调器传输有关。RS232 的设备可以分为数据终端设备（Data Terminal Equipment，DTE，比如 PC）和数据通信设备（Data Communication Equipment，DCE）两类，这种分类定义了不同的线路用来发送和接受信号。一般来说，计算机和终端设备有 DTE 连接器，调制解调器和打印机有 DCE 连接器。但是这么说并不是总是严格正确的，用配线分接器测试连接，或者用试误法来判断电缆是否工作，常常需要参考相关的文件说明。

RS232 指定了 20 个不同的信号连接，由 25 个 D-sub（微型 D 类）管脚构成的 DB-25 连接器。很多设备只是用了其中的一小部分管脚，出于节省资金和空间的考虑不少机器采用较小的连接器，特别是 9 管脚的 D-sub 或者是 DB-9 型连接器被广泛使用绝大多数自 IBM 的 AT 机之后的 PC 机和其他许多设备上。DB-25 和 DB-9 型的连接器在大部分设备上是雌型，但不是所有的都是这样。最近，8 管脚的 RJ-45 型连接器变得越来越普遍，尽管它的管脚分配相差很大。EIA/TIA 561 标准规定了一种管脚分配的方法，但是由 Dave Yost 发明的被广泛使用在 Unix 计算机上的 Yost 串连设备配线标准（Yost Serial Device Wiring Standard）以及其他很多设备都没有采用上述任一种连线标准。

下面列出的是被较多使用的 RS232 中的信号和管脚分配：

DB9 Male (Pin Side) DB9 Female (Pin Side)

```
\ 1 2 3 4 5 /  \ 5 4 3 2 1 /
\ 6 7 8 9 /   \ 9 8 7 6 /
```

DB-25 DB-9 EIA/TIA 561 Yost

公共接地 7 5 4 4，5

发送数据（TD）2 3 6 3

接受数据（RD）3 2 5 6

数据终端准备（DTR）20 4 3 2

数据准备好（DSR）6 6 1 7

请求发送（RTS）4 7 8 1

清除发送（CTS）5 8 7 8

数据载波检测（DCD）8 1 2 7

振铃指示（RI）22 9 1 —

TXD DTE→DCE DTE SEND DATA

RXD DCE→DTE DTE RECEIVE DATA

RTS DTE→DCE DTE REQUEST SEND

CTS DCE→DTE ACK TO DTE'S RTS

DSR DCE→DTE DCE IS READY

GND

DCD DCE→DTE DC DETECTED

DTR DTE→DCE DTE IS READY

RI DCE→DTE RING INDICATION

信号的标注是从 DTE 设备的角度出发的，TD、DTR 和 RTS 信号是由 DTE 产生的，RD、DSR、CTS、DCD 和 RI 信号是由 DCE 产生的。接地信号是所有连接都公共的，在 Yost 的标准中接地信号外部有两个管脚事实上是同一个信号。如果两个通信设备的距离相差的很远或者是有两个不同的供电系统供电，那么地信号在两个设备间会不一样，从而导致通信失败，跟踪描述这样的情形是很困难的。

7.6.3 RS232 通信电缆

由于 RS232 实现中的各种不同和矛盾，要决定使用哪个合适的电缆来连接两个通信设备不是一件非常容易的事。用同一种类型的连接器来连接 DCE 和 DTE 设备需要直接的电缆还要有合适的终点。

连接两个 DTE 设备需要一个虚拟调制解调器来充当 DCE 交换相应的信号（TD-RD，DTR-DSR，and RTS-CTS），这个可以由单独的设备加上两根电缆或者用一根电缆来完成。Yost 标准里虚拟调制解调器是一个全反线，它把一个端口的 1 到 8 号管脚翻转和另一个端口的 8 到 1 号管脚相连（不要和以太网的反绞线混淆，以太网反绞线接线是非常不同的）。

为了配置和诊断 RS232 电缆，可以采用配线分接器。配线分接器有凹凸 RS232 连接器，可以内嵌式的连接线路，而且提供对应每个管脚的显示灯，还可以各种配置方式连接管脚。

RS232 电缆和很多连接器都可以在电子产品的商店找到，电缆可能是 3 到 25 个管脚的，典型应用是 4 到 6 个管脚的。平 RJ（电话线类型）电缆可以和专门的 RJ-RS232 连接器一起使用，后者是最容易配置的连接器。

双向接口能够只需要 3 根线制作是因为 RS232 的所有信号都共享一个公共接地。非平衡电路使得 RS232 非常的容易受两设备间基点电压偏移的影响。对于信号的上升期和下降期，RS232 也只有相对较差的控制能力，很容易发生串话的问题。RS232 被推荐在短距离（15m 以内）间通信。由于非对称电路的关系，RS232 接口电缆通常不是由双绞线制作的。

7.6.4 RS232 通信设置

串行通信在软件设置里需要做多项设置，最常见的设置包括波特率（Baud Rate）、奇偶校验（Parity Check）和停止位（Stop Bit）。

波特率（又称鲍率）是指从一设备发到另一设备的波特率，即每秒钟多少比特 bits per second（bit/s）。典型的波特率是 300、1200、2400、9600、15200、19200、38400bit/s 等。一般通信两端设备都要设为相同的波特率，但有些设备也可以设置为自动检测波特率。

奇偶校验（Parity）是用来验证数据的正确性。奇偶校验一般不使用，如果使用，那么既可以做奇校验（Odd Parity）也可以做偶校验（Even Parity）。奇偶校验是通过修改每一发送字节（也可以限制发送的字节）来工作的。如果不作奇偶校验，那么数据是不会被改变的。在偶校验中，因为奇偶校验位会被相应的置 1 或 0（一般是最高位或最低位），所以数据会被改变以使得所有传送的数位（含字符的各数位和校验位）中"1"的个数为偶数；在奇校验中，所有传送的数位（含字符的各数位和校验位）中"1"的个数为奇数。奇偶校验可以用于接受方检查传输是否发生错误——如果某一字节中"1"的个数发生了错误，那么这个字节在传输中一定有错误发生。如果奇偶校验是正确的，那么要么没有发生错误要么发生了偶数个的错误。如果用户选择数据长度为 8 位，则因为没有多余的比特可被用来作为同比特，因此就叫作"无位元（Non Parity）"。

停止位是在每个字节传输之后发送的，它用来帮助接受信号方的硬件重同步。

RS232 在传送数据时，并不需要另外使用一条传输线来传送同步信号，就能正确的将数据顺利传送到对方，因此叫作"异步传输"，简称 UART（Universal Asynchronous Receiver Transmitter），不过必须在每一笔数据的前后都加上同步信号，把同步信号与数据混合之后，使用同一条传输线来传输。比如数据 11001010 被传输时，数据的前后就需加入 Start（Low）以及 Stop

（High）等两个比特，值得注意的是，Start 信号固定为一个比特，但 Stop 停止比特则可以是 1、1.5 或者是 2 比特，由使用 RS232 的传送与接收两方面自行选择，但需注意传送与接受两者的选择必须一致。在串行通信软件设置中 D/P/S 是常规的符号表示。8/N/1（非常普遍）表明 8bit 数据，没有奇偶校验，1bit 停止位。数据位可以设置为 7、8 或者 9，奇偶校验位可以设置为无（N）、奇（O）或者偶（E），奇偶校验可以使用数据中的比特（bit），所以 8/E/1 就表示一共 8 位数据位，其中一位用来做奇偶校验位。停止位可以是 1、1.5 或者 2 位的（1.5 是用在波特率为 60wpm 的电传打字机上的）。

流量控制：当需要发送握手信号或数据完整性检测时需要制定其他设置。公用的组合有 RTS/CTS、DTR/DSR 或者 XON/XOFF（实际中不使用连接器管脚而在数据流内插入特殊字符）。

接受方把 XON/XOFF 信号发给发送方来控制发送方何时发送数据，这些信号是与发送数据的传输方向相反的。XON 信号告诉发送方接受方准备好接受更多的数据，XOFF 信号告诉发送方停止发送数据直到接受方再次准备好。XON/XOFF 一般不赞成使用，推荐用 RTS/CTS 控制流来代替它们。XON/XOFF 是一种工作在终端间的带内方法，但是必须两端都支持这个协议，而且在突然启动的时候会有混淆的可能。XON/XOFF 可以工作于 3 线的接口。RTS/CTS 最初是设计为电传打字机和调制解调器半双工协作通信的，每次它只能一方调制解调器发送数据。终端必须发送请求发送信号然后等到调制解调器回应清除发送信号。尽管 RTS/CTS 是通过硬件达到握手，但它有自己的优势。

ASR（Automatic Send Receive）电传打字机有一个纸带读卡机，当读卡机读数据的时候字符被发去提交。ASR 电传打字机里收到一个 XOFF 字符就关掉纸带，读卡机收到一个 XON 字符就启动纸带读卡机。当远端系统有必要降低发送方的速率时就发出 XOFF。在原始的系统中，消息要用纸带事先准备好，传送的时间才能被缩短。那时的带宽非常有限并且昂贵，有时候传输不得不推迟到晚上进行，这也正推动了简明电报表达的发展。在有些早期的小型机中，ASR 纸带读卡机和纸带穿孔器也是唯一的恢复程序的方法。

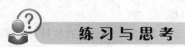

练习与思考

一、单选题

1. 消防施工中，薄壁钢管的连接方法应（　　）。

    A. 密封焊接　　　　B. 必须用丝扣连接　　　C. 点焊连接　　　　D. 套管连接

2. 电感元件上电压与电流的关系为（　　）。

    A. $u=Li$　　　　B. $i=L\dfrac{du}{dt}$　　　　C. $u=L\dfrac{du}{dt}$　　　　D. $i=Lu$

3. 电阻元件上电压与电流的关系为（　　）。

    A. $u=Ri$　　　　B. $i=R\dfrac{du}{dt}$　　　　C. $u=R\dfrac{du}{dt}$　　　　D. $i=Ru$

4. 电容元件上的能量为（　　）。

    A. $W=UI$　　　　B. $W=\dfrac{1}{2}CU^2$　　　　C. $W=\dfrac{1}{2}UI$　　　　D. $W=\dfrac{1}{2}CI^2$

5. 已知 RLC 串联谐振电路的总阻抗等于 R，则该电路处于（　　）状态。

    A. 电压谐振　　　B. 电流谐振　　　　C. 并联谐振　　　　D. 局部短路

6. 纯电阻电路功率因数为（　　）。

    A. 0　　　　　　B. 90　　　　　　　C. 1　　　　　　　D. 0.5

7. 由于非对称电路的关系，RS232 接口电缆通常（　　）由双绞线制作。

    A. 必须　　　　　　B. 是　　　　　　C. 不是　　　　　　D. 以上都不对

8. 当有设备启动时消防监控软件在对应的楼层图标上显示（　　）标志。

    A. 黄色　　　　　　B. 红色　　　　　　C. 绿色　　　　　　D. 蓝色

9. 对系统中的气体灭火控制器、消防电气控制装置、消防设备应急电源等设备应分别进行（　　）通电检查。

    A. 联机　　　　　　B. 整机　　　　　　C. 单机　　　　　　D. 系统

10. 在故障状态下，使任一非故障部位的探测器发出火灾报警信号，控制器应在（　　）内发出火灾报警信号，并应记录火灾报警时间；再使其他探测器发出火灾报警信号，检查控制器的再次报警功能。

    A. 30s　　　　　　B. 40s　　　　　　C. 50s　　　　　　D. 1min

11. 当有反馈信号时消防监控软件在对应的楼层图标上显示（　　）标志。

    A. 黄色　　　　　　B. 红色　　　　　　C. 绿色　　　　　　D. 蓝色

12. 消防控制室应（　　）用于火灾报警的外线电话。

    A. 没有　　　　　　B. 设有　　　　　　C. 装设　　　　　　D. 安装

13. 串行通信在软件设置里需要做多项设置，最常见的设置包括（　　）、奇偶校验（Parity Check）和停止位（Stop Bit）。

    A. 波特率（Baud Rate）　　　　　　　　B. 通信协议（Communication Protocol）

    C. 地址码（Address）　　　　　　　　　　D. 控制方式（Control Mode）

14. 一般通信两端设备都要设为相同的波特率，但有些设备也可以设置为（　　）波特率。

    A. 不同　　　　　　B. 自动检测　　　　C. 最大上限　　　　D. 无定义

15. 串口通信通常接九针接口的（　　）脚。

    A. 2、3、7　　　　B. 2、3、5　　　　C. 3、4、6　　　　D. 5、7、9

二、多选题

1. 水幕系统由（　　）等组成。

    A. 湿式报警阀　　　B. 控制阀　　　　　C. 水幕喷头　　　　D. 管道系统

    E. 干式报警阀

2. RS232 的通信参数设置通常有（　　）。

    A. 波特率　　　　　B. 奇偶校验　　　　C. 数据位　　　　　D. 停止位

    E. 流控制

3. 由于 RS232 接口标准出现较早，难免有不足之处，主要有（　　）。

    A. 接口的信号电平值较高，易损坏接口电路的芯片

    B. 传输速率较低

    C. 抗噪声干扰性弱

    D. 传输距离有限

    E. 使用不够普遍

4. 以下属于 RS232 通信九针接口信号的是（　　）。

    A. DCD 载波检测　　　　　　　　　　　B. RXD 接收数据

    C. TXD 发送数据　　　　　　　　　　　D. DTR 数据终端准备好

    E. SG 信号地

5. 湿式喷水灭火系统是由（　　）等组成。

A. 闭式喷头　　　　B. 管道系统　　　　C. 湿式报警阀　　　　D. 报警装置

E. 排烟阀

6. 自动喷水灭火系统的管路上，管路分为（　　　）。

A. 配水干管　　　　B. 配水管　　　　C. 主水管　　　　D. 配水支管

E. 市政主管

三、判断题

1. 末端试水装置应连接排水管，以便试水时能顺利排水。（　　　）

2. 每套自动喷水灭火设备都必须附有水力警铃。（　　　）

3. 报警阀以后的自动喷水灭火管道应采用镀锌管或镀锌无缝钢管，其连接方式应用螺纹连接。（　　　）

4. 自动喷水灭火系统中，安装喷头的数量与报警控制阀的数量无关。（　　　）

5. 在自动喷水灭火系统的管路上，应设置消火栓。（　　　）

6. 在RS232标准中，字符是以一串行的比特串来一个接一个的串行（serial）方式传输，优点是传输线少，配线简单。（　　　）

7. RS232九针接口的第2脚为TXD发送数据。（　　　）

8. 消防联动控制器控制的各类模块地址总数不应超过1600点，每一总线回路连接设备的地址码总数，宜留有一定的余量，且不超过100点。（　　　）

9. 当发生火警时消防监控软件在对应的楼层图标上显示红色标志。（　　　）

10. 当发生故障时消防监控软件在对应的楼层图标上显示黄色标志。（　　　）

参考答案

单选题	1. B	2. C	3. A	4. B	5. A	6. C	7. C	8. D	9. C	10. D
	11. C	12. B	13. A	14. B	15. B					
多选题	1. BCD	2. ABCDE	3. ABCD	4. ABCDE	5. ABCD	6. ABD				
判断题	1. Y	2. Y	3. N	4. N	5. N	6. Y	7. Y	8. Y	9. Y	10. Y

任务 8

消防监控软件（网络版）的联动
控制编程与联机控制

该训练任务建议用 6 个学时完成学习及过程考核。

8.1 任务来源

消防系统的器件编辑及联动设置虽然也可以在控制器菜单中完成，但在实际消防工程中通过编程软件完成这些设置是主要手段，因此对于消防工程的从业人员或者是消防系统的管理人员都应该掌握消防编程软件的使用。

8.2 任务描述

使用火灾报警控制器编程软件，在 PC 机上完成控制器的参数设置以及所连接设备的设置，再进行本机以及跨机的联动设置，执行设置参数的上传与下载，并进行联机调试。

8.3 能力目标

8.3.1 技能目标

完成本训练任务后，你应当能（够）：

1. 关键技能

- 会通过编程软件实现声光警报联动编程。
- 会通过编程软件实现消防广播联动编程。
- 会通过编程软件实现喷淋泵联动编程。

2. 基本技能

- 熟知编程软件的通信参数设置。
- 会编程软件对控制器的读取与下载。

8.3.2 知识目标

完成本训练任务后，你应当能（够）：

- 了解消防通信技术相关知识。

- 熟悉探测器及模块地址编码原理。
- 掌握消防系统常用器件种类名称。

8.3.3 职业素质目标

完成本训练任务后，你应当能（够）：
- 软件功能和权限应严格按照管理需要设置，登录密码要妥善保管。
- 联动设备编程的逻辑应严格按照实际应用编程。
- 遵守系统操作规范要求，养成严谨科学的工作态度。

8.4 任务实施

8.4.1 活动一　知识准备

下列知识可以由学员自学或老师讲授完成。
（1）简述什么是下载。
（2）列举三项符合消防系统实际控制逻辑的联动关系。

8.4.2 活动二　示范操作

1. 活动内容

在编程软件上设置设备及联动编程，并与消防报警控制器（联动型）连接，实现压力开关报警启动喷淋泵的自动控制。

2. 操作步骤

⇨ 步骤一：　控制器恢复出厂设置　（在控制器操作面板上进行操作）
- 在 GK603 控制器操作面板输入密码确认后，进行复位操作。
- 在主菜单下，按"1"键进入系统设置菜单。
- 在系统设置菜单下按"5"进入控制器参数设置窗口，液晶显示画面修改本机编号、回路号、PC 机通信、PC 机模式在此任务中应该选择为 CRT。

⇨ 步骤二：　打开编程软件，新建一个工程　（见图 8-1）
- 在文件名（N）空格内输入一个带 mdb 格式的新建工程文件名。
- 点击保存。

⇨ 步骤三：　主网设置　（见图 8-2）
- 点击主网窗口弹出系统参数界面。
- 点击主网设置，选择机号是否存在，可双击进行更改参数为"是"。
- 通信故障隔离选择为"否"。
- 事件上传、上传联动事件、上传所有故障、条件消音复位均选择为"是"。
- 类型选择为"GK603"。
- 楼后选择为"1"。
- 点击保存。

⇨ 步骤四：　回路定义　（见图 8-3）
- 点击回路定义弹出窗口。
- 机号选择为"1"。

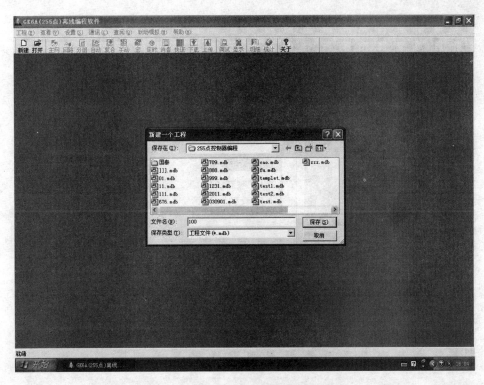

图 8-1　新建一个工程的操作界面示意图

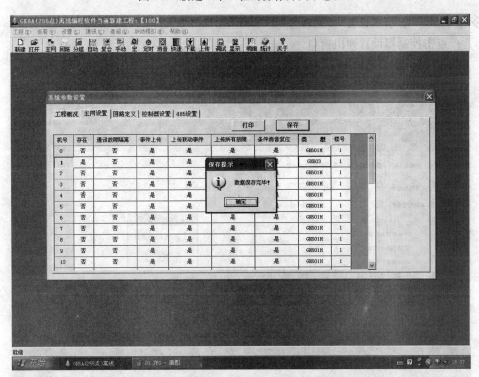

图 8-2　主网设置的操作界面示意图

- 选择回路"1"存在，亮灯"是"类型选择"智能卡"。
- 点击保存。

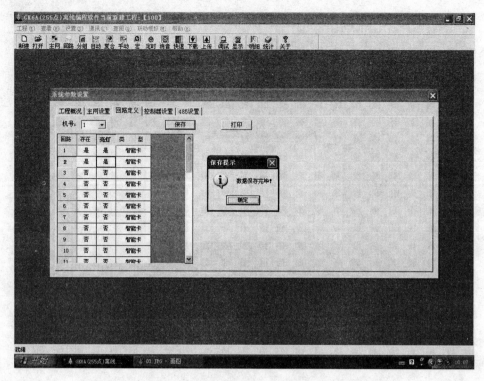

图 8-3 回路定义的操作界面示意图

步骤五： 控制器设置 （见图 8-4）

• 点击控制器设置弹出窗口。

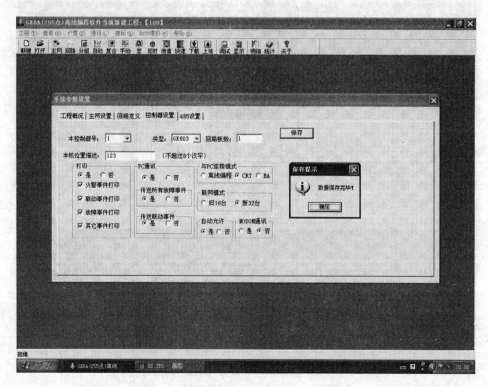

图 8-4 控制器设置的操作界面示意图

- 输入本控制器号"1"类型选择"GK603"回路板数"1"。
- 本机位置描述"123"（可任选）。
- 打印及 PC 通信不需要修改。
- 与 PC 连接模式修改为"CRT"。
- 联网模式、自动允许、MODOM 通讯不需要修改。
- 点击保存。

➡️ **步骤六：** 485 设置 （见图 8-5）

- 点击 485 设置弹出窗口。
- 选择控制器号"1"。
- 在表格中盘号"2"进行修改，存在选择"是"、类型选择为"火灾显示盘"、隔离选择为"否"、发送方式选择为"按区"、扫描选择"是"、楼选择"1"、传送联动事件选择"是"、传送故障事件选择"是"、起始层/区选择"1"、终止层/区选择"1"。
- 其他 1、3-126 均设置为存在选择"否"、类型选择为"火灾显示盘"、隔离选择为"否"、发送方式选择为"按区"、扫描选择"是"、楼选择"1"、传送联动事件选择"是"、传送故障事件选择"是"、起始层/区选择"1"、终止层/区选择"1"。
- 点击保存。

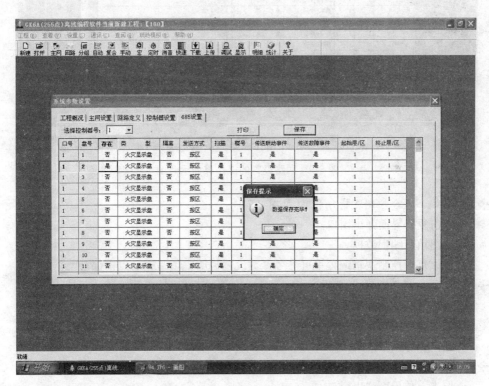

图 8-5　485 设置的操作界面示意图

➡️ **步骤七：** 回路设置 （见图 8-6）

- 点击界面"回路"弹出窗口。
- 选择控制器为"1"回路选择为"1"。
- 在地址号 1、2、3 选择区号、楼号、层号位"1"，器件类型分别选择为"差定温探

头、光电感烟探头、输入模块"闪灯全选为"是"，优先扫描、屏蔽选择为"否"，地理
位置选择为"123"。

- 批量填写：地址自"4"至"255"区号"1"楼号"1"层"1"器件类型"器件不存在"闪灯"是"优先扫描"否"屏蔽"是"位置"123"。
- 点击保存。

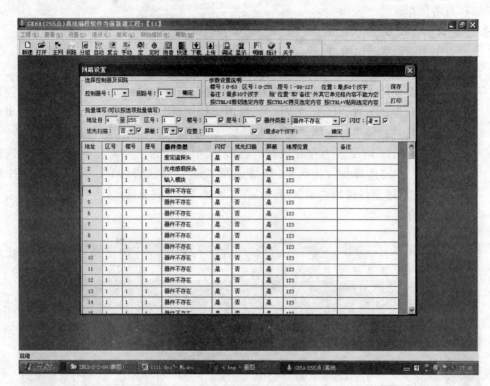

图 8-6　回路设置的操作界面示意图

⇒ 步骤八： 复合控制逻辑编程 （见图 8-7）

- 点击复合界面弹出窗口。
- 如图填写编程数据。
- 在该复合控制逻辑编程里可参考参数设置说明，填写完后点击保存。

⇒ 步骤九： 程序下载 （见图 8-8）

- 点击下载界面弹出窗口。
- 如图选择编程参数。
- 点击保存。

⇒ 步骤十： 检查控制器程序 （见图 8-9）

- 点击上传界面弹出窗口。
- 开始上传编程参数。
- 上传完成后点击退出。

⇒ 步骤十一： 联机调试

- 对已完成下载的控制器进行演示操作，检查编程数据是否正确。

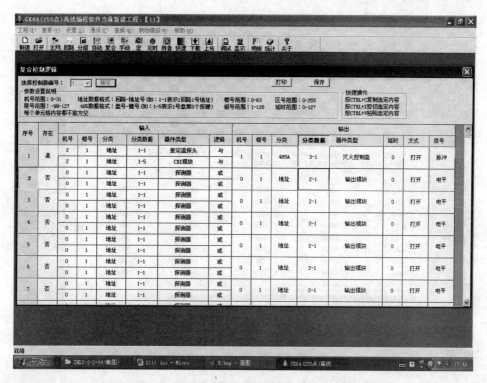

图 8-7　复合控制逻辑编程的操作界面示意图

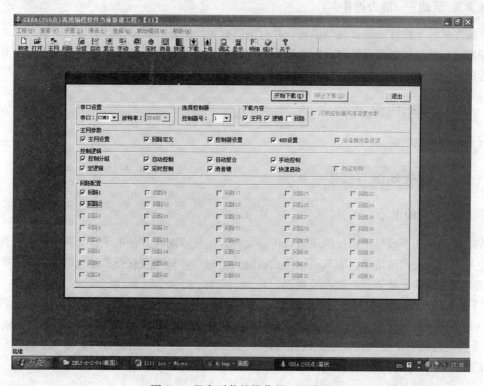

图 8-8　程序下载的操作界面示意图

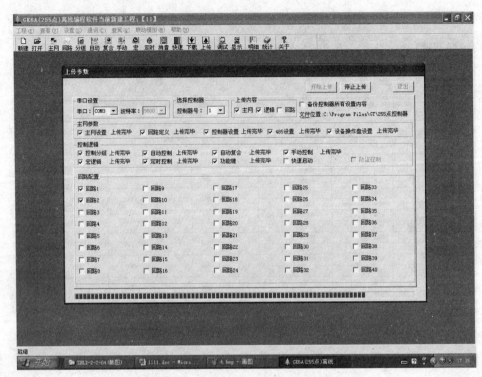

图 8-9　检查控制器程序的操作界面示意图

8.4.3　活动三　能力提升

在编程软件上设置设备及联动编程，并与消防报警控制器（联动型）上传、下载数据，实现感烟探测器与感温探测器报警启动声光警报器的自动复合控制。教师可围绕关键技能提出其他要求，形成更多活动。

8.5　效果评价

评价标准详见附录。

8.6　相关知识与技能

8.6.1　下载的定义

在互联网中的下载是指通过网络进行传输文件，把互联网或其他电子计算机上的信息保存到本地电脑上的一种网络活动。下载可以显式或隐式地进行，只要是获得本地电脑上所没有的信息的活动，都可以认为是下载，如在线观看。

"下载"的反义词是"上传"、"上载"。工程中也引用了"下载"与"上传"的概念，但这里的下载是指用户将上位机（通常是 PC）的数据写入下位机（例如火灾报警控制器、现场 DDC 等）。上传是指通过上位机读取正位机的数据。与互联网中的"下载"与"上传"不同的是此时的"下载者"与"上传者"操作的对象以及位置发生了变化。

8.6.2　常用的消防控制逻辑关系

消防控制逻辑关系见表 8-1。

表 8-1 消 防 控 制 逻 辑 关 系

	报警设备种类	受控设备	位置及说明
水消防系统	消火栓泵按钮	启动消火栓泵	
	报警阀压力开关	启动喷淋泵	
	水流指示器	报警，确定起火层	
	检修信号阀	报警，提醒注意	
	消防水池水位	报警，提醒注意	
	水管压力	报警，提醒注意	
	供电电源状态	报警，提醒注意	
空调系统	感烟火灾探测器或手动按钮	关闭有关系统空调机、新风机、送风机	
		关闭本层电控防火阀	
	防火阀 70℃温控关闭	关闭该系统空调系统	
防排烟系统	感烟火灾探测器或手动按钮	打开所有排烟风机和正压风机	
		打开有关排烟口（阀）	
		打开有关正压送风口	N±1 层
		风机转入高速排烟	
		两用风管中，关闭正常排风口，开排烟口	
	排烟风机旁防火阀 280℃温控关闭	关闭有关排烟风机	
可燃气体报警		打开有关房间排烟风机，进风机	
防火门	电控防火门旁的探测器	释放电磁铁，关闭该防火门	
防火卷帘（用于疏散通道上）	防火卷帘门旁的感烟探测器	卷帘门下降至地距离 1.8m	
	防火卷帘门旁的感温探测器	卷帘门归底	
		卷帘门有水幕保护时启动水幕阀、雨淋泵	
防火卷帘（用于防火分割）	防火卷帘门旁的感烟感温探测器	卷帘门下降至地面	
挡烟垂壁	电控挡烟垂壁旁感烟感温探测器	释放电磁铁，挡烟垂壁下垂	
气体灭火系统	区内感烟探测器	声光报警，关闭有关空调机、防火阀、电控门窗	
	感烟感温同时报警	延时后启动气体灭火	
	钢瓶压力开关	点亮放气灯	
	紧急启、停按钮	人工紧急启动或停止气体灭火	
火灾应急广播		手动	N±1 层
警铃或声光报警装置		手动/自动，手动为主	N±1 层
火灾应急照明和疏散标志灯		手动/自动，手动为主	
切断非消防电源		手动/自动，手动为主	N±1 层
电梯归首、消防梯投入		手动/自动，手动为主	
消防电话		随时报警，联络，指挥灭火	

 练 习 与 思 考

一、单选题

1. 在工程调试中的上传是指通过上位机（　　　）下位机的数据。

A. 读取　　　　　　B. 下载　　　　　　C. 写入　　　　　　D. 以上都不对

2. 将区域显示器（火灾显示盘）与火灾报警控制器相连接，按现行国家标准《火灾显示盘通用技术条件》（　　）的有关要求检查其功能并记录。

A. GB 50030　　　B. GB 16806　　　C. GB 5017　　　　D. GB 17429

3. 区域显示器（火灾显示盘）能否在（　　）内正确接收和显示火灾报警控制器发出的火灾报警信号，是判别其是否处于正常工作状态的依据。

A. 2s　　　　　　　B. 3s　　　　　　　C. 5s　　　　　　　D. 10s

4. 对于非火灾报警控制器供电的区域显示器或火灾显示盘，应检查主、备电源的（　　）和故障报警功能。

A. 手动控制功能　　B. 自动控制功能　　C. 自动切换功能　　D. 自动转换功能

5. 在消防控制室与所有消防电话、电话插孔之间互相呼叫与通话，总机应能显示每部分机或电话插孔的位置，呼叫铃声和通话语音应（　　）。

A. 模糊　　　　　　B. 清晰　　　　　　C. 响亮　　　　　　D. 明了

6. 具有手动和自动控制功能的应急电源处于（　　）控制状态，然后手动插入操作，应急电源应有手动插入优先功能，且应有自动控制状态和手动控制状态指示。

A. 启动　　　　　　B. 自动　　　　　　C. 停止　　　　　　D. 手动

7. 切断气体灭火控制器的所有外部控制连线，接通电源，给气体灭火控制器输入设定的（　　）信号，控制器应有启动输出，并发出声、光启动信号。

A. 复位控制　　　　B. 停止控制　　　　C. 启动控制　　　　D. 停止控制

8. 防火卷帘控制器应与消防联动控制器、火灾探测器、卷门机连接并通电，防火卷帘控制器应处于正常（　　）状态。

A. 监视　　　　　　B. 监控　　　　　　C. 控制　　　　　　D. 不可控

9. 应抽取不小于总数（　　）的消防电话和电话插孔在消防控制室进行对讲通话试验。

A. 15%　　　　　　B. 20%　　　　　　C. 25%　　　　　　D. 30%

10. 自动复合控制是（　　）。

A. 一个条件一个结果　　　　　　　　B. 一个条件两个结果

C. 两个条件一个结果　　　　　　　　D. 两个条件两个结果

11. 自动复合控制两个条件必须是（　　）的关系。

A. 或　　　　　　　B. 与　　　　　　　C. 非　　　　　　　D. 以上都不对

12. 火灾报警控制器的打印不包括（　　）。

A. 火警事件打印　　B. 联动事件打印　　C. 故障事件打印　　D. 传送事件打印

13. 切断气体灭火控制器的所有外部控制连线，接通电源。给气体灭火控制器输入设定的（　　）信号，控制器应有启动输出，并发出声、光启动信号。

A. 复位控制　　　　B. 停止控制　　　　C. 启动控制　　　　D. 停止控制

14. 火灾报警控制器要与消防监控上位机连接时 PC 通信应选（　　）。

A. CRT　　　　　　B. 离线编程　　　　C. BA　　　　　　　D. 以上都不对

二、多选题

1. 火灾自动报警系统的主要设备应是通过国家认证（认可）的产品，（　　）应与检验报告一致。

A. 产品名称　　　　B. 型号　　　　　　C. 规格　　　　　　D. 体积

E. 使用期限

2. 火灾自动报警系统施工前，应具备（   ）以及消防设备联动逻辑说明等必要的技术文件。

    A. 系统图   B. 设备布置平面图   C. 接线图   D. 安装图

    E. 检测报告

3. 调试前检查设备的（   ）等应按设计要求查验。

    A. 规格   B. 型号   C. 数量   D. 备品备件

    E. 性能

4. 下列设备中不能用作消防联动条件的是（   ）。

    A. 双输入输出模块   B. 多线联动盘   C. 智能输入模块   D. 单输出模块

    E. 单输入输出模块

5. 国泰怡安 GK6A 编程软件系统参数设置包括（   ）等项。

    A. 工程概况   B. 主网设置   C. 回路定义   D. 控制器设置

    E. 485 设置

6. 火灾报警控制器的打印包括（   ）。

    A. 火警事件打印   B. 联动事件打印   C. 故障事件打印   D. 传送事件打印

    E. 其他事件打印

三、判断题

1. 国泰怡安 GK6A（255 点）离线编程软件通过 RS232 与控制器连接。（   ）

2. 联动设备不启动，一定是输出模块出现了故障。（   ）

3. 火灾探测器（含可燃气体探测器）和手动火灾报警按钮，应按实际安装数量在 100 只以下者，抽验 20 只（每个回路都应抽验）。（   ）

4. 消防编程软件可以模拟火灾以测试联动编程是否正确。（   ）

5. 防烟排烟风机应全部检验，通风空调和防排烟设备的阀门，应按实际安装数量的 10％～20％的比例，抽验联动功能，并应符合报警联动启动、消防控制室直接启停、现场手动启动联动防烟排烟风机 1～3 次。（   ）

6. 当火灾报警控制器与 GK6A 离线编程软件通信时 PC 模式应选 BA。（   ）

7. 单相供电额定功率大于 30kW、三相供电额定功率大于 120kW 的消防设备不应安装独立的消防应急电源。（   ）

8. 安装电工、焊工、起重吊装工和电气调试人员等，可不需要持证上岗。（   ）

9. 接地（PE）或接零（PEN）支线必须单独与接地（PE）或接零（PEN）干线相连接，不得串联连接。（   ）

10. 应急照明在正常电源断电后，电源转换时间为：疏散照明≤15s；备用照明≤15s（金融商店交易所≤1.5s）；安全照明≤0.5s。（   ）

参考答案

	1. A	2. D	3. B	4. D	5. C	6. B	7. C	8. A	9. C	10. C
单选题	11. B	12. B	13. C	14. A						
多选题	1. ABC	2. ABCD	3. ABCD	4. BD	5. ABCDE	6. ABCE				
判断题	1. Y	2. N	3. Y	4. Y	5. Y	6. N	7. N	8. N	9. Y	10. Y

任务 9

火灾自动报警及消防联动系统的
设备故障诊断与维护

该训练任务建议用 3 个学时完成学习及过程考核。

9.1 任务来源

消防联动系统的设备故障通常在控制器显示出来，或在检测时发现，对于故障的设备必须及时的找出原因，排除故障，恢复该点设备的正常状态。才能保证整个系统的正常运行，起到系统自动报警及后联动设备能及时启动的作用。

9.2 任务描述

查看故障设备的反馈信息，利用初步诊断的方法分析出现故障的可能原因，利用故障排除方法处理出现的故障，恢复设备正常。

9.3 能力目标

9.3.1 技能目标

完成本训练任务后，你应当能（够）：

关键技能：
- 会消防喷淋灭火系统故障诊断与维护。
- 会气体灭火系统故障诊断与维护。
- 会防火卷帘门故障诊断与维护。

基本技能：
- 会消防设备的调试。
- 会消防联动系统的测试。

9.3.2 知识目标

完成本训练任务后，你应当能（够）：
- 了解消防通信技术相关知识。

- 熟悉探测器及模块地址编码原理。
- 掌握消防系统常用设备种类名称。

9.3.3 职业素质目标

完成本训练任务后，你应当能（够）：

- 系统设备出现故障时应及时报修和维护，不能带病运行。
- 遵守系统操作规范要求，养成严谨科学的工作态度。

9.4 任务实施

9.4.1 活动一 知识准备

下列知识可以由学员自学或老师讲授完成。

（1）有哪些原因可能导致设备出现故障？

（2）要检查设备是否正常可用哪些测试方法？

9.4.2 活动二 示范操作

1. 活动内容

学习各种设备的故障诊断方法，能够针对故障现象分析故障原因，并提出相应的处理方法。

2. 操作步骤

➡ 步骤一： **自动喷淋灭火系统稳压装置频繁启动的故障处理**

- 原因分析：主要为湿式装置前端有泄漏，还会有水暖件或连接处泄漏、闭式喷头泄漏、末端泄放装置没有关好等原因。
- 处理办法：检查各水暖件、喷头和末端泄放装置，找出泄漏点进行处理。

➡ 步骤二： **自动喷淋灭火系统水流指示器在水流动作后不报信号的故障处理**

- 原因分析：除电气线路及端子压线问题外，主要是水流指示器本身问题，包括桨片不动、桨片损坏，微动开关损坏或干簧管触点烧毁或永久性磁铁不起作用。
- 处理办法：检查桨片是否损坏或塞死不动，检查永久性磁铁、干簧管等器件。

➡ 步骤三： **自动喷淋灭火系统喷头动作后或末端泄放装置打开，联动泵后管道前端无水的故障处理**

- 原因分析：主要为湿式报警装置的蝶阀不动作，湿式报警装置不能将水送到前端管道。
- 处理办法：检查湿式报警装置，主要是蝶阀，直到灵活翻转，再检查湿式装置的其他部件。

➡ 步骤四： **自动喷淋灭火系统联动信号发出，喷淋泵不动作的故障处理**

- 原因分析：可能为控制装置及消防泵启动柜连线松动或器件失灵，也可能是喷淋泵本身机械故障。
- 处理办法：检查各连线及水泵本身。

➡ 步骤五： **防火卷帘门不能上升下降的故障处理**

- 原因分析：可能为电源故障、电机故障或门本身卡住。
- 处理办法：检查主电、控制电源及电机，检查门本身。

➡ 步骤六： **防火卷帘门有上升无下降或有下降无上升的故障处理**

- 原因分析：下降或上升按钮问题，接触器触头及线圈问题，限位开关问题，接触器联锁动断触点问题。

• 处理办法：检查下降或上升按钮，下降或上升接触器触头开关及线圈，查限位开关，查下降或上升接触器联锁动断触点。

➡ **步骤七：　自动喷淋灭火系统联动信号发出，喷淋泵不动作的故障处理**

• 原因分析：可能为控制装置及消防泵启动柜连线松动或器件失灵，也可能是喷淋泵本身机械故障。

• 处理办法：检查各连线及水泵本身。

➡ **步骤八：　在控制中心无法联动防火卷帘门的故障处理**

• 原因分析：控制中心控制装置本身故障，控制模块故障，联动传输线路故障。

• 处理办法：检查控制中心控制装置本身，检查控制模块，检查传输线路。

➡ **步骤九：　气体灭火系统启动程序无法执行的故障处理**

• 原因分析：气体灭火系统的联动启动必须用自动复合控制，另外触发条件是否送至联动关系所在的控制器是联动执行的前提。

• 处理办法：检查联动编程及条件信息是否送至联动关系所在的控制器。

➡ **步骤十：　气体灭火系统启动执行启动程序后没有气体喷洒的故障处理**

• 原因分析：气体瓶组的气体压力是否足够，瓶头阀是否出现故障，气体管路的阀门是否能够正常打开，电气控制线路是否出现松脱。

• 处理办法：检查气体瓶组的压力及阀门，检查电气线路。

9.4.3　活动三　能力提升

卷帘门半降无法执行（模拟），根据故障现象，分析故障原因，查找故障点并将其处理。教师可围绕关键技能提出其他要求形成更多活动。

9.5　效果评价

评价标准详见附录。

9.6　相关知识与技能

9.6.1　系统接线示意图

在分析故障、判断故障及处理故障时，首先都必须清楚当前系统的组成结构，通常用到原理图。本实任务所用实训装置原理如图9-1所示。

9.6.2　高层建筑消防设施的常见问题

1. 高层建筑的发展趋势

随着市场经济的深入发展，我国城市建设发展迅速，作为现代化城市标志之一的高层建筑、超高层建筑已大量投入使用。随着电子信息产业飞速发展，高层建筑物设施的智能化程度也越来越高。

2. 高层建筑消火栓给水系统的消防设施验收常见问题

（1）消防水池：有效容量偏小、合用水池无消防专用的技术措施、较大容量水池无分格措施。

（2）消防水泵：流量偏小或扬程偏大，一组消防水泵只有一根吸水管或只有一根出水管，出

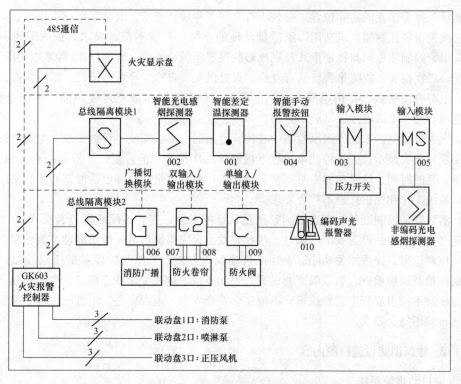

图 9-1　消防实训装置系统原理图

水管上无压力表、无试验放水阀、无泄压阀，引水装置设置不正确，吸水管的管径偏小，普通水泵与消防水泵的偷梁换柱。

（3）增压设施：增压泵的流量偏大。

（4）水泵接合器：与室外消火栓或消防水池的取水口距离大于40m、数量偏少、未分区设置。

（5）减压装置：消火栓口动压大于0.5MPa的未设减压装置、减压孔板孔径偏小。

（6）消防水箱：屋顶合用水箱无直通消防管网水管、无消防水专用措施、出水管上未设单向阀。

（7）消火栓：阀门关闭不严，有渗水现象；冬季地上室外消火栓冻裂；室外地上消火栓开启时剧烈震动；室内消火栓口处的静水压力超过80mH₂O，没有采用分区给水系统；室内消火栓口方向与墙平行（另外，目前新上市的消火栓口可旋转的消防栓质量有一部分不过关，用过一段时间消火栓口锈蚀，影响使用）；屋顶未设检查用的试验消火栓。

（8）消火栓按钮：临时高压给水系统部分消火栓箱内未设置直接启泵按钮，功能不齐。常见错误有4种类型：消火栓按钮不能直接启泵，只能通过联动控制器启动消防水泵；消火栓按钮启动后无确认信号；消火栓按钮不能报警，显示所在部位；消火栓按钮通过220V强电启泵。

（9）消火栓管道：直径小；采用镀锌管，有的安装单位违章进行焊接（致使防腐层破坏，管道易锈蚀烂穿，造成漏水）。

3. 高层建筑火灾自动报警系统的消防设施验收常见问题

（1）火灾探测器：选型与场所不符；安装不牢固、松动；安装位置、间距、倾角不符合规范和设计要求；探测器的确认灯未朝向便于人员观察的主要入口方向；探测器编码与竣工图标识、控制器显示不相对应，不能反映探测器的实际位置；报警功能不正常。

（2）手动火灾报警按钮：报警功能不正常；报警按钮编码与竣工图标识、控制器显示不相对应，不能反映报警按钮的实际位置；安装不符合规范和设计要求；安装不牢固、松动、倾斜。

（3）火灾报警控制器：未选用国家质量认证的产品，安装不符合要求，柜内配线不符合要求，火灾报警控制器电源与接地形式及隔离器的设置不符合要求，控制器 13 种基本功能（供电、火灾报警、二次报警、故障报警、消音复位、火灾优先、自检、显示与记录、面板检查、报警延时时间、电源自动切换、备用电源充电、电源电压稳定度和负载稳定度功能）不能全部实现，主、备电源容量、电源电性能试验不合格。

（4）火灾显示盘：未选用国家检测中心检验合格的产品，安装不符合要求，电源与接地形式不符合要求，火灾显示盘的 8 种基本功能（报警、二次报警、消音复位、故障报警、面板检查、电源转换、延时时间、计时功能）不完全符合要求，电源容量、电源电性能试验不合格。

（5）系统工作和保护接地不符合要求。

（6）消防联动控制设备：未选用国家质量认证的产品，安装、配线不符合要求，13 种基本控制功能（为其相连的设备或部件供电、接收并发出火灾报警信号、发出联动控制信号、输出和显示相应控制信号、完成相关功能、手动或自动操作方式、单路受控设备的手动控制、故障报警、本机自检及面板检查、总线隔离器设置、手动复位不应改变原状态信息、电源转换、显示和记录、编程时不应引起程序意外执行）不能完全符合要求，电源容量、电性能试验不符合要求。

（7）布线不符合要求。

9.6.3 建筑消防设施检测内容

1. 火灾自动报警系统

（1）检测火灾自动报警系统线路的绝缘电阻、接地电阻、系统的接地、管线的安装及其保护状况。

（2）检测火灾探测器和手动报警按钮的设置状况、安装质量、保护半径及与周围遮挡物的距离等，并按 30%～50%的比例抽检其报警功能。

（3）检测火灾报警控制器的安装质量、柜内配线、保护接地的设置、主备电源的设置及其转换功能，并对控制器的各项功能测试。

（4）检测消防设备控制柜的安装质量、柜内配线、手、自动控制及屏面接受消防设备的信号反馈功能。

（5）检测电梯的迫降功能、消防电梯的使用功能，切断非消防电源功能和着火层的灯光显示功能。

（6）检测消防控制室、各消防设备间及消火栓按钮处的消防通信功能。

（7）检测火灾应急广播的音响功能，手动选层和自动广播、遥控开启和强行切换等功能。

（8）检测消防控制室的设置位置及明显标志、室内防火阀及无关管线的设置、双回路电源的设置和切换功能。

（9）检测火灾应急照明和疏散指示标志的设置、照度、转换时间和图形符号。

2. 消防供水系统

（1）检查消防水源的性质、进水管的条数和直径及消防水池的设置状况。

（2）检查消防水池的容积、水位指示器和补水设施、保证消防用水和防冻措施等。

（3）检查消防水箱的设置、容积、防冻措施、补水及单向阀的状况等。

（4）检测各种消防供水泵的性能、管道、手自动控制、启动时间，主备泵和主备电源转换功能等。

（5）检测水泵结合器的设置、标志及输送消防水的功能等。

3. 室内消火栓系统

（1）检查室内消火栓的安装、组件、规格及其间距等。

（2）检测屋顶消火栓的设置、防冻措施及其充实水柱长度等。

（3）检查室内消火栓管网的设置、管径、颜色、保证消防用水及其连接形状。

（4）检测室内消火栓的首层和最不利点的静压、动压及其充实水柱长度。

（5）检查手动启泵按钮的设置及其功能。

4. 自动喷水（雾）灭火系统

（1）检查管网的安装、连接、设置喷头数量及末端管径等。

（2）检查水流指示器和信号阀的安装及其功能。

（3）检测报警阀组的安装、阀门的状态、各组件及其功能。

（4）检测喷淋头安装、外观、保护间距和保护面积及与邻近障碍物的距离等。

（5）对报警阀组进行功能试验。

（6）对自动喷淋水（雾）系统进行功能试验。

5. 防排烟及通风空调系统

（1）检查正压送风系统的风管、风机、送风口设置状况并测量其风速和正压送风值。

（2）检测排烟系统风机、风道、防火阀、送风口、主备电源设置状况及其功能。

（3）检查通风空调系统的管道和防火阀的设置状况。

（4）对各个系统进行手动、自动及联动功能试验。

6. 防火门、防火卷帘和挡烟垂壁

对其外观、安装、传动机构、动作程序及其手动和联动功能进行检测。

7. 气体灭火系统

（1）检查气体灭火系统的贮瓶间的设备、组件、灭火剂输送管道、喷嘴及防护区的设置和安装状况。

（2）对气体灭火系统模拟联动试验、查看先发声、后发光的报警程序，查看切断火场电源、自动启动、延时启动量、防火阀和排风机、喷射过程、气体释放指示灯等的动作是否正常。

练习与思考

一、单选题

1. 在湿式报警阀的报警信号管路上装有过滤阀，其作用是（　　）。

    A. 延缓水力警铃报警　　　　　　　　　　B. 触发压力开关动作

    C. 过滤水中杂质防止堵塞节流板　　　　　D. 以上都不对

2. 当火灾发生时，常开的防火门应通过（　　）自动关闭，以免烟气扩散。

    A. 联动模块　　　B. 输出模块　　　C. 输入模块　　　D. 控制总线

3. 闭式喷淋灭火系统是靠火灾时（　　）升高触发闭式喷头，来自动启动喷淋系统的。

    A. 烟雾浓度　　　B. 温度　　　C. 可燃气体浓度　　　D. 挥发性气体浓度

4. 对于消火栓口动压大于 0.5MPa 的应装设（　　）。

    A. 闭式喷头　　　B. 水喉　　　C. 止回阀　　　D. 减压装置

5. 对气体灭火系统模拟联动试验、查看先发声、后发光的报警程序，查看切断火场电源、自动启动、延时启动量、防火阀和排风机、喷射过程以及（　　）指示灯等的动作是否正常。

    A. 声光　　　B. 电源　　　C. 气体释放　　　D. 启动

6. 检查消防正压送风系统时应检查风管、风机、送风口设置状况并测量其（　　）和正压送风值。

    A. 风速 　　　　　　B. 高度 　　　　　　C. 风量 　　　　　　D. 温度

7. 当某个探测器拆卸之后，将会（　　）。

    A. 报故障 　　　　B. 报火警 　　　　C. 启动设备 　　　　D. 以上都不对

8. 某个总线设备故障，原因可能是（　　）。

    A. 总线断开 　　　B. 器件本身故障 　　C. 设备被拆卸 　　D. 以上都有可能

9. 当把接 NO 的输出信号错接在 NC，设备会（　　）。

    A. 不启动 　　　　B. 报故障 　　　　C. 不停止 　　　　D. 反状态运行

10. 当报警信号管路上的节流板被堵塞后，将会导致（　　）。

    A. 压力开关不报警 　　　　　　　　B. 延迟器无法蓄水

    C. 压力开关不延时即报警 　　　　　D. 自动启动喷淋泵

11. 消防总线的 L＋、L－中的任何一根接地，将会报（　　）故障。

    A. 设备 　　　　　B. 通信 　　　　　C. 短路 　　　　　D. 接地

12. 某个非编码探测器输入模块 GM614 已接好总线，但没有接 DC24V 电源，将会（　　）。

    A. 报火警 　　　B. 报故障 　　　C. 没有任何信号发出 　D. 以上都不对

13. 要通过多线联动控制盘启动现场接口模块，需保证（　　）两根线正确连接。

    A. AS 与 GND 　　B. AS 与 OUT 　　C. OUT 与 GND 　　D. 以上都不对

14. 对于需要暂时停用的某个总线设备，可以采用（　　）处理。

    A. 屏蔽 　　　　　B. 短接 　　　　　C. 开路 　　　　　D. 点灯

15. 火灾探测器的核心部件是（　　）。

    A. 敏感元件 　　　B. 电路 　　　　　C. 固定部件 　　　D. 外壳

二、多选题

1. 火灾形成的充分必要条件有（　　）。

    A. 可燃物 　　　　B. 热源 　　　　　C. 催化剂 　　　　D. 氧气或氧化剂

    E. 氢气

2. 感光火灾探测器可分为（　　）。

    A. 红外型 　　　　B. 紫外型 　　　　C. 遮光型 　　　　D. 散射型

    E. 反射型

3. 火灾报警控制器接收不到输入输出模块的反馈信号，原因可能是（　　）。

    A. 反馈信号未连接 　　　　　　　　B. 模块未动作

    C. 反馈线路松脱 　　　　　　　　　D. 反馈触点故障

    E. 模块地址编错

4. 消防工程中的塑料管应具备（　　）功能。

    A. 抗压 　　　　　B. 阻燃 　　　　　C. 抗干扰 　　　　D. 自熄

    E. 屏蔽

5. 钢管在施工焊接后进行弯曲，焊缝不能处于弯曲方向的（　　）。

    A. 内侧 　　　　　B. 外侧 　　　　　C. 上侧 　　　　　D. 下侧

    E. 1m 内

6. 下列关于总线设备通信闪灯的说法正确的是（　　）。

    A. 不是所有正常工作的总线设备都闪灯

  B. 重地址码的总线设备也会闪灯

  C. 会闪灯说明设备是正常工作的

  D. 设置通信优先的设备闪灯频率加快

  E. 可以通过设置决定某个总线设备是否闪灯

三、判断题

1. 手动报警按钮可自动复位。（ ）

2. 防火卷帘门在降落过程中应发出警报。（ ）

3. 所有的总线设备都必须单独提供电源，否则无法正常工作。（ ）

4. 无法设置防火隔断．防火墙的部位应设置水幕系统加以保护。（ ）

5. 消防施工布线时，导线和电缆的总截面积不超过管内截面积的60％。（ ）

6. GK603火灾报警控制器的编码器功能可以对在线设备进行编码。（ ）

7. 用于疏散通道的防火卷帘控制器应具有三步关闭的功能，并应向消防联动控制器发出反馈信号。（ ）

8. 火灾自动报警系统的使用单位应建立消防系统的技术资料档案，并应有电子备份档案。（ ）

9. 联动控制信号是由消防联动控制器发出的用于控制自动消防设备（设施）工作的信号。（ ）

10. 防火卷帘门的半降是指降至离地1.8m。（ ）

参考答案

单选题	1. C	2. D	3. B	4. D	5. C	6. A	7. A	8. D	9. D	10. C
	11. D	12. B	13. C	14. A	15. A					
多选题	1. ABD	2. AB	3. ABCDE	4. BD	5. AB	6. ABDE				
判断题	1. N	2. Y	3. N	4. Y	5. N	6. Y	7. N	8. Y	9. Y	10. Y

任务 ⑩

火灾自动报警及消防联动系统值机记录检查与分析

该训练任务建议用 3 个学时完成学习及过程考核。

10.1 任务来源

消防系统管理人员应定期对值班岗位的日常记录进行检查，一方面确保值班岗位人员切实履行职责，另一方面通过日常值班记录检查，及时发现系统的运行状况，为分析消防系统所存在的问题以及这些问题的处理提供依据。

10.2 任务描述

检查消防系统传值机日常记录，了解系统的运行状况，分析系统运行过程中存在的问题并针对这些问题进行相应的处理。

10.3 能力目标

10.3.1 关键技能

完成本训练任务后，你应当能（够）：
- 会检查值机记录。
- 会分析消防系统存在的问题。
- 能处理消防系统运行中存在的问题。

基本技能：
- 会填写消防系统值机记录。
- 会消防系统故障查询。

10.3.2 知识目标

完成本训练任务后，你应当能（够）：
- 了解消防通信技术相关知识。

- 熟悉探测器及模块地址编码原理。
- 掌握消防系统常用器件种类名称。

10.3.3 职业素质目标

完成本训练任务后，你应当能（够）：

- 在工作岗位上，值班记录要认真并在记录表上签名，不能代替其他值班人员签名。
- 在值班记录中有发现问题，应及时向有关人员反映情况。
- 应按实际时间填写值班记录，不能提前填写未来的记录。

10.4　任务实施

10.4.1　活动一　知识准备

下列知识可以由学员自学或老师讲授完成。

（1）消防系统的值机记录表中记录哪些内容？

（2）消防系统包含有哪些子系统？

10.4.2　活动二　示范操作

1. 活动内容

通过系统设备模拟各种运行状态，根据反馈状态针对某个消防项目实际运行情况，查看其运行值机记录，分析系统运行情况，查找存在问题的原因，提出处理意见或整改方案。

2. 操作步骤

⇢ **步骤一：　模拟消防系统的各种事件信息**

- 模拟感温探测器报警。
- 模拟压力开关的动作信号。
- 模拟喷淋系统开始喷水，喷淋泵自动启动。
- 模拟某个设备线路故障。
- 模拟消防总线短路故障。
- 模拟系统接地故障。
- 模拟某个现场分机呼叫控制中心电话主机。
- 模拟气体灭火系统感烟、感温探测器报警，并自动启动气体灭火。
- 模拟防火分区的感温探测器报警，防火卷帘门自动全降。
- 模拟在以上某些事件中，声光报警器启动。

⇢ **步骤二：　记录系统事件信息**

将步骤一的模拟操作所发生的事件信息，填入表 10-1。

⇢ **步骤三：　检查控制器并填表**

对控制器进行自检、消音、复位操作，检查控制器主备电运行情况，并将相应信息填入表 10-1。

表 10-1 消防控制中心值班记录表

	时间	火灾报警控制器运行情况		报警性质				消防联动控制器运行情况			报警故障部位、原因及处理情况	值班人签名	值班人签名	值班人签名
火灾报警控制器日运行情况记录		正常	故障	火警	误报	故障报警	漏报	正常		故障		时/时	时/时	时/时
								自动	手动					

火灾报警控制器日检查情况记录	火灾报警控制器型号	自检	消音	复位	主电源	备用电源	检查人			故障及处理情况		

消防安全管理人（签字）：_____

注 1. 情况正常打"√"，存在问题或故障的打"×"。
    2. 对发现的问题应及时处理，当场不能处置的要填报《建筑消防设施故障处理记录》。
    3. 本表为样表，单位可根据控制器数量及值班时段制表。

➡️ 步骤四： 填写建筑消防设施故障处理记录

模拟系统运行过程中发生了值班员不能处理的问题，并填写建筑消防设施故障处理记录表，见表 10-2。

表 10-2 建筑消防设施故障处理记录表

检查时间	检查人签名	检查发现问题或故障	消防安全管理人处理意见	停用系统消防安全责任人签名	问题或故障处理结果	问题或故障排除消防安全管理人签名

➡️ 步骤五： 记录分析与处理

• 查看填写之后的表 10-1 及表 10-2，分析系统所发生的火警、故障、误报、故障报警、漏报等信息，判断控制器当前运行状况，确认消防系统所发生问题的处理结果。

• 编写消防系统运行报告，分析系统当前存在的问题，提出系统处理或整改意见。

10.4.3 活动三 能力提升

针对某个消防项目实际运行情况，查看其运行值机记录，分析系统运行情况，查找存在问题的原因，提出处理意见或整改方案。教师可围绕关键技能提出其他要求形成更多活动。

10.5 效果评价

评价标准详见附录。

10.6 相关知识与技能

10.6.1 其他常用的建筑消防设施维护管理记录表

其他各种常用的建筑消防设施维护管理记录见表 10-3～表 10-5。

表 10-3   **建筑消防设施巡查记录表**

巡查项目	巡查内容	巡查情况		
		正常	故障	故障原因及处理情况
消防供配电设施	消防电源工作状态			
	自备发电设备状况			
	消防配电房、发电机房环境			
火灾自动报警系统	火灾报警探测器外观			
	区域显示器运行状况，CRT 图形显示器运行状况、火灾报警控制器、消防联动控制器外观和运行状况			
	手动报警按钮外观			
	火灾报警装置外观			
	消防控制室工作环境			
消防供水设施	消防水池外观			
	消防水箱外观			
	消防水泵及控制柜工作状态			
	稳压泵、增压泵、气压水罐工作状态			
	水泵接合器外观、标识			
	管网控制阀门启闭状态			
	泵房工作环境			
消火栓（消防炮）灭火系统	室内消火栓外观			
	室外消火栓外观			
	消防炮外观			
	启泵按钮外观			
自动喷水灭火系统	喷头外观			
	报警阀组外观			
	末端试水装置压力值			
泡沫灭火系统	泡沫喷头外观			
	泡沫消火栓外观			
	泡沫炮外观			
	泡沫产生器外观			
	泡沫液贮罐间环境			
	泡沫液贮罐外观			
	比例混合器外观			
	泡沫泵工作状态			

巡查项目	巡查内容	巡查情况		
		正常	故障	故障原因及处理情况
气体灭火系统	气体灭火控制器工作状态			
	储瓶间环境			
	气体瓶组或储罐外观			
	选择阀、驱动装置等组件外观			
	紧急启/停按钮外观			
	放气指示灯及警报器外观			
	喷嘴外观			
	防护区状况			
防烟排烟系统	挡烟垂壁外观			
	送风阀外观			
	送风机工作状态			
	排烟阀外观			
	电动排烟窗外观			
	自然排烟窗外观			
	排烟机工作状态			
	送风、排烟机房环境			
应急照明和疏散指示标志	应急灯外观			
	应急灯工作状态			
	疏散指示标志外观			
	疏散指示标志工作状态			
应急广播系统	扬声器外观			
	扩音机工作状态			
消防专用电话	分机电话外观			
	插孔电话外观			
防火分隔设施	防火门外观			
	防火门启闭状况			
	防火卷帘外观			
	防火卷帘工作状态			
消防电梯	紧急按钮外观			
	轿厢内电话外观			
	消防电梯工作状态			
灭火器	灭火器外观			
	设置位置			
巡　　查　　人（签名）			年　　　　月　　　　日	
消防安全管理人（签名）			年　　　　月　　　　日	
备注				

注　1. 情况正常打"√"，存在问题或故障的打"×"。
　　2. 对发现的问题应及时处理，当场不能处置的要填报《建筑消防设施故障处理记录》。
　　3. 本表为样表，单位可根据建筑消防设施实际情况和巡查时间制表。

表 10-4　　　　　　　　建筑消防设施单项检查记录表

检测项目		检测内容	实测记录
消防供电配电	消防配电	试验主、备电源切换功能	
	自备发电机组	试验启动发电机组	
	储油设施	核对储油量	
火灾报警系统	火灾报警探测器	试验报警功能	
	手动报警按钮	试验报警功能	
	警报装置	试验警报功能	
	报警控制器	试验报警功能、故障报警功能、火警优先功能、打印机打印功能、火灾显示盘和 CRT 显示器的显示功能	
	消防联动控制器	试验联动控制和显示功能	
消防供水设施	消防水池	核对储水量	
	消防水箱	核对储水量	
	稳（增）压泵及气压水罐	试验启泵、停泵时的压力工况	
	消防水泵	试验启泵和主、备泵切换功能	
	管道阀门	试验管道阀口启闭功能	
消火栓（消防炮）灭火系统	室内消火栓	试验屋顶消火栓出水及静压	
	室外消火栓	试验室外消火栓出水及静压	
	消防炮	试验消防炮出水	
	启泵按钮	试验远距离启泵功能	
自动喷水系统	报警阀组	试验放水阀放水及压力开关动作信号	
	末端试水装置	试验末端放水及压力开关动作信号	
	水流指示器	核对反馈信号	
泡沫灭火系统	泡沫液储罐	核对泡沫液有效期和储存量	
	泡沫栓	试验泡沫栓出水或出泡沫	
气体灭火系统	瓶组与储罐	核对灭火剂储存量	
	气体灭火控制设备	模拟自动启动，试验切断空调等相关联动	
机械加压送风系统	风机	试验联动启动风机	
	送风口	核对送风口风速	
机械排烟系统	风机	试验联动启动风机	
	排烟阀、电动排烟窗	试验联动启动排烟阀、电动排烟窗，核对排烟口风速	
	风机	试验联动启动风机	
	排烟阀、电动排烟窗	试验联动启动排烟阀、电动排烟窗，核对排烟口风速	
应急照明		试验切断正常供电，测量照度	
疏散指示标志		试验切断正常供电，测量照度	
应急广播系统	扩音器	试验联动启动和强制切换功能	
	扬声器	测试音量、音质	
消防专用电话		试验通话质量	

续表

检测项目		检测内容	实测记录
防火分隔	防火门	试验启闭功能	
	防火卷帘	试验手动、机械应急和自动控制功能	
	电动防火阀	试验联动关闭功能	
消防电梯		试验按钮迫降和联动控制功能	
灭火器		核对选型、压力和有效期	
其他设施			
测试人（签名）： 年 月 日		测试单位（盖章）： 年 月 日	
消防安全责任人或消防安全管理人（签名）： 年 月 日			

注 1. 情况正常在"实测记录"栏中标注"正常"。
   2. 发现的问题或存在故障应在"实测记录"栏中填写，并及时处理，当场不能处置的要填报《建筑消防设施故障处理记录》。
   3. 本表为样表，单位可根据建筑消防设施实际情况和巡查时间制表。

表 10-5   建筑消防设施联动检查记录表

建筑名称			地址		
使用性质		层数	高度	面积	
使用管理单位名称					
建筑消防设施检查情况					
项目	检查结果		存在问题或故障处理情况		
消防供配电					
火灾报警系统					
消防供水					
消火栓消防炮					
自动喷水灭火系统					
泡沫灭火系统					
气体灭火系统					
防排烟系统					
疏散指示标志					
应急照明					
应急广播系统					
消防专用电话					
防火分隔					
消防电梯					
灭火器					
其他设施					
检查说明：					
检查人（签名）： 年 月 日			检查单位（盖章）： 年 月 日		
消防安全责任人或消防安全管理人（签名）： 年 月 日					

注 1. 情况正常在"检测结果"栏中标注"正常"。
   2. 发现的问题或存在故障应在"存在问题或故障处理情况"栏中填写，并及时处理，当场不能处置的要填报《建筑消防设施故障处理记录》；其他需要说明的情况在"检查说明"栏填写。
   3. 本表为样表，单位可根据建筑消防设施实际情况和巡查时间制表。

10.6.2 消防系统运行中的问题分析论文摘录（案例）

浅谈消防系统运行中的问题及分析

摘要：由于建筑不断地朝着高层化发展，同时像商场等面积不断的扩大，此时消防安全的意义就显得非常的关键。由于智能建筑科技的前进，很多建筑中都开始使用消防体系。其由两个要素组成，一部分是火灾自动报警系统，即感知和中枢系统，像是我们的头脑。除此之外是联动体系，也就是具体的开展工作的体系，就像是我们的手脚一样。此时消防体系可以尽快地察觉出现的不利现象，进而采取合理的应对方法。它在消防活动中发挥着非常关键的意义。不过，在具体运行的时候，面临很多的不利现象，导致在火情出现的时候，无法体现出关键意义。文章论述了消防体系运作的意义，分析了常见的不利现象，并且提出了一些应对方法。

关键词：消防系统；运行；问题；分析

1 体系运作中常见的不利现象

1.1 主机无法运作

当体系运作之后，一些是未联通备用电源，还有的是带着问题运作，经常性的容易发生失误现象，报警声常有。时间久了，工作者就认为这是正常的了，当真正的火情出现的时候，其也认为是失误现象，根本不到场地中查看。一些时候还把问题区屏蔽，把报警设备撤掉，此时装置就相当于一个摆设。

1.2 联动系统功能缺失

一般主机负责辨别火情，进而发出命令，经由联动体系来工作。此点是智能消防体系非常重要的一个特征。联动的设备很多。归纳起来有风、水、电、气、机五个部分。

风：排烟机，送风机，风阀；

水：消火栓系统，喷淋、喷雾、水幕、雨淋系统。

电：消防电源，应急照明、疏散指示、消防广播、电话。电梯，门禁。

气：卤化物、泡沫、二氧化碳等气体灭火系统，可燃气泄漏报警系统。

机：防火门、窗，卷帘门，排烟窗，防火分隔。如果出现火情的话，所有的功效都应该运行，不应该出现失误等现象。但是实际上，很多操作电源都未运行，一些设备还是手动模式，无法确保其合理的运行。

2 问题出现的具体要素

2.1 由于设计不合理而导致的问题

消防设计一般有四个阶段：初步设计；二次设计；深化设计；设计变更。很多时候，这些程序无法有机的联系到一起。之所以会出现这种问题，关键是因为开展这几个活动的单位和工作者不是统一的，所以他们的思想等不一致，就容易导致问题。

消防体系在最初的设计的时候，结合建筑的构造来开展区域划分活动，给出探头和联动设备平面图系统图及设备清单。不过并未认真地论述装置该怎样运行，其设计不具有深度。如在消防联动台远程控制消防泵、喷淋泵以及排烟风机时，是不是应该设置问题显示之类的。许多细节问题都影响管线的敷设、控制的拓扑形式、设备的选型定位等。就是由于在开始设计的时候，只是论述了其功能结构，未涉及具体点装置的类型和相关的规定等，所以，导致设计有失深度。

2.2 没有落实好监理工作

很多监理单位过分的看重土建之类的项目，然而对于消防等项目并未很关注。除此之外，虽说消防工艺和产品不断的发展，不过监理人员的素养不是很高，不熟悉其具体的特征等，只是论述常见的一些内容，没有体现出监理的意义。

2.3 建设品质较差

建设机构间不做好协调活动，不积极地安排步骤，一些区域未提前的设置。由于弱电工作是开展在土建等活动以后的，建设规模以及安装的方位等会受到场地的具体特征的干扰，此时只得随便的设置。

例如，有的消防模块因无位置固定，只能靠导线悬接在吊顶里。这些隐蔽工程的施工质量粗劣给以后的运行维修带来很大的困难和隐患。

现在施工单位虽然减少了层层转包现象，但由于施工安装人员素质不高、经验缺乏，不按照规范作业，线缆接头过多，护管脱落，接口不严，线标不清，不按规定进行防火处理的现象屡有发生。如施工单位不按规范选材，信号线用普通 bv 单股硬线代替红、蓝两色耐压 250V 的多股软线等。这样，在穿线时容易蹭破其绝缘层，造成接地或短路故障。这种线不易压接牢固，容易虚接，给故障排除带来很大困难。另外，接线端子一点压多股导线，线头不刷锡，无线鼻子。时间一长，容易氧化腐蚀，使节点电阻增大，造成局部故障。

2.4 没有做好维护活动

工作者不能在规定的时间中对其清洗，还有的一些因为破损之后没有及时的修理，导致其无法使用。

2.5 由于建筑使用方向的变化

当公寓等租赁之后，使用者对其再次装饰，此时构造等被改变了，一些设施设备被自行拆除或遮挡，多数未报消防局进行审核。

3 在活动中，要切实的关注如下的一些内容，确保问题的出现几率最低

3.1 确保设计优良

消防的设计包括多个专业，结构、暖通、空调、给排水、综合布线、弱电等。设计单位设计的依据是建设单位提供的设计委托书。一些是通过一个设计机构来开展的，还有的是通过多个机构来开展的。消防系统是弱电的一个专业，需要联动机电专业的许多设备。所以，在设计的时候，应该综合化的分析，尤其图纸体现设计深度。如，控制模块与排烟控制、空调风阀、电梯迫降继电器、非消防电源的分闸线圈等。第一，要分析装置的指标和接口处的规定。第二，明确产品的类型。对于那些不合乎规定的产品，要尽快的对其添加功能。

3.2 做好建设管控活动

建设品质的好坏会对体系后续的发展有着非常大的影响，所以应该由那些有着优秀的资质的机构来开展。在建设之前的时候，要认真的核查图纸，把它和场地的具体状态对比，然后得到一个合理的建设规划，当开展完一个单项工程之后，要认真的分析管线等的建设品质，而且要将信息及时的记载好，特别是那些不可见的项目，一定的要做好监测活动，确保完工资料完整，而且规定图纸要做好标记，此时，才可以确保维护活动顺利开展。

3.3 认真开展验收工作

根据国家的相关法规由消防检测机构进行系统性能的检测，在取得报告后，向公安消防主管部门提请验收。在公安消防监督机构的监督下，由建设单位主持，设计、监理、施工、调试等单位共同进行验收。如果发现问题，因系统已经成型，整改难度比较大，必须进行整改方案论证，进行相应施工调整和补救。达到验收规范的要求，消防监督机构的验收只是授予建设方拥有使用权，它不能免除发生火灾的危险性。火灾事故的责任承担人是建筑的管理者和使用者，设计、施工、产品留下的隐患，由设计方、施工方、供货商来承担相应的火灾责任，并且，这个责任是终

生的。

3.4 运行管理到位

当体系运作之后，怎样合理的管控和运行是非常关键的一个内容。对于人员来讲，要经由相关机构的专门培训，要获取资格之后才可以工作。要熟悉体系的结构，和操作步骤等；要了解突发问题的处理步骤，明确问题的应对方法；进行电气参数校验调整，并且要留有记录；对于联动系统要做模拟实验，确保活动灵敏；对于各种执行机构，都要进行灵活性、可靠性、实时性测试。

4 结束语

随着运行中问题的不断出现和解决，消防系统在今后的实际应用中会发挥越来越大的作用。

参考文献。

[1] 新编消防技术标准规范，中国计划出版社，1996
[2] 谢秉正，建筑智能化系统监理手册，江苏科学技术出版社，2003
[3] 电气工程标准规范综合应用手册，中国建筑工业出版社，1995

练习与思考

一、单选题

1. 变压器接到电源侧的线圈叫作（　　　）。

　　A. 一次线圈　　　　B. 二次线圈　　　　C. 高压线圈　　　　D. 低压线圈

2. 只有正常运行时采用（　　　）接法的三相异步电动机，启动时才能采用丫-△降压启动。

　　A. 三角形　　　　B. 星形　　　　C. 延边三角形　　　　D. 开口三角形

3. 一般情况下，热继电器的整定电流应调整到电动机额定电流的（　　　）倍。

　　A. 1.5　　　　B. 1　　　　C. 1.35　　　　D. 2.5

4. 在正反转电气线路控制线路中，保证只有一个接触器得电而相互制约的作用称为（　　　）控制。

　　A. 自锁　　　　B. 互锁　　　　C. 限位　　　　D. 限时

5. 一只指针式万用表干电池已用完，但它还可以用来（　　　）。

　　A. 测量电压、电流 B. 测量电阻　　　　C. 判断二极管好坏　　D. 判断电容好坏

6. 根据被保护区域内的电流变化差额而动作的保护叫作（　　　）。

　　A. 过电流保护　　　B. 电流速断保护　　C. 差动保护　　　　D. 单相接地保护

7. 火灾初期环境温度难以确定时，宜选用（　　　）探测器。

　　A. 感烟　　　　B. 差定温　　　　C. 定温　　　　D. 差温

8. 在火灾发生迅速，少烟、热的场所，应选用（　　　）探测器。

　　A. 火焰　　　　B. 定温　　　　C. 差定温　　　　D. 差温

9. 可燃气体探测器主要是通过测量空气中可燃气体（　　　）的含量来报警的。

　　A. 爆炸下限　　　B. 爆炸上限　　　C. 上下限的平均值　　D. 中间值

10. 对于蔓延迅速，有大量的烟和热产生、有火焰辐射的火灾，应选用（　　　）。

　　A. 火焰探测器　　B. 感烟探测器　　C. 感温探测器　　　D. 三种探测器组合

11. 有电气火灾危险的场所，应选用（　　　）探测器。

　　A. 感烟　　　　B. 差定温　　　　C. 定温　　　　D. 差温

12. 温度在 0℃以下的场合发生火灾，不能选用（　　）探测器。
　　A. 感烟　　　　　　B. 差定温　　　　　　C. 定温　　　　　　D. 差温

13. 吸烟室和小会议室不宜选用（　　）探测器。
　　A. 感烟　　　　　　B. 差定温　　　　　　C. 定温　　　　　　D. 感光

14. 房间高度为 15m 的场所，应选用（　　）探测器。
　　A. 感烟　　　　　　B. 差定温　　　　　　C. 定温　　　　　　D. 火焰

15. 焊接管道和设备时，必须采取（　　）措施。
　　A. 防火安全　　　　B. 接地安全　　　　　C. 漏电保护　　　　D. 防锈

二、多选题

1. 建筑消防设施故障处理记录表中记录有（　　）等内容。
　　A. 检查时间　　　B. 检查人签名　　　C. 发现问题或故障　　　D. 处理意见
　　E. 处理结果

2. 以下火灾探测器属于按探测的火灾参数分类的是（　　）。
　　A. 感烟　　　　　　B. 感温　　　　　　C. 耐湿　　　　　　D. 耐酸
　　E. 防爆

3. 火灾探测器安装于火灾可能发生的场所，将现场（　　）信号转换成电信号。
　　A. 烟　　　　　　　B. 温度　　　　　　C. 湿度　　　　　　D. 光
　　E. 流量

4. 记录一条火灾报警信息，包含有（　　）等内容。
　　A. 火警部位　　　B. 事件类型　　　C. 报警原因　　　D. 处理情况
　　E. 值班人签名

5. 火灾探测报警系统由（　　）火灾声（或光警报器）等全部或部分设备组成，完成火灾探测报警功能。
　　A. 火灾报警控制器　　　　　　　　　　B. 火灾探测器
　　C. 手动火灾报警按钮层　　　　　　　　D. 火灾显示盘
　　E. 消防控制室图形显示装置

6. 火灾自动报警系统的使用单位应由经过专门培训的人员负责系统的（　　）。
　　A. 管理操作　　　B. 维护　　　　　C. 值班　　　　　D. 维修
　　E. 保养

三、判断题

1. 建筑物内设有上下层相连通的走廊、自动扶梯等开口部位时，应按上下连通层作为一个防火分区。（　　）

2. 埋入墙体或混凝土内的管子离表面净距离不小于 15mm。（　　）

3. 暗敷线管时，钢管外应进行防腐处理，钢管内不必要求。（　　）

4. 消防系统管理人员应定期检查消防系统的运行记录，分析数据，找出存在的问题，并及时整改。（　　）

5. 厚壁钢管一般采用套管连接，两根管的连接缝处在套管中央，在套管两端施焊。（　　）

6. 当发生火灾时，消防值班员应立即赶赴现场救火。（　　）

7. 消防值班员应每周对火灾报警控制器进行自检测试。（　　）

8. 切断应急电源应急输出时直接启动设备的连线，接通应急电源的主电源。检查应急电源的控制功能和转换功能，并观察其输入电压、输出电压、输出电流、主电工作状态、应急工作状

态、电池组及各单节电池电压的显示情况，做好记录，显示情况应与产品使用说明书规定相符，并满足要求。（　）

9. 手动启动应急电源输出，应急电源的主电和备用电源应不能同时输出，且应在 15s 内完成应急转换。（　）

10. 使应急电源充电回路与电池之间、电池与电池之间连线断开，应急电源应在 100s 内发出声、光故障信号，故障信号应能手动消除。（　）

参考答案

单选题	1. A	2. A	3. B	4. B	5. A	6. C	7. B	8. A	9. A	10. D
	11. A	12. C	13. A	14. D	15. A					
多选题	1. AC	2. AB	3. ABD	4. ABCDE	5. ABCDE	6. AB				
判断题	1. Y	2. Y	3. N	4. Y	5. Y	6. N	7. N	8. Y	9. N	10. Y

任务 11

消防控制中心的管理制度与
应急预案分析与修订

该训练任务建议用 3 个学时完成学习及过程考核。

11.1 任务来源

作为消防系统的管理人员，应针对本单位的消防控制中心管理制度及应急预案进行相应的分析及修订，一方面是建筑物的功能变化及结构变化所需要进行的及时调整，另一方面是实际运行过程中所反映出的问题总结后对管理制度与应急预案所必须做出的修订。

11.2 任务描述

根据消防系统的运行情况及应急事件发生之后的处理结果，结合实际项目的变化情况，针对消防控制中心管理制度与应急预案进行分析，并作出必要的修订调整。

11.3 目标描述

11.3.1 技能目标

完成本训练任务后，你应当能（够）：

1. 关键技能

• 能分析消防控制中心管理制度与应急预案。

• 会修订消防控制中心管理制度。

• 会修订消防控制中心应急预案。

2. 基本技能

• 会编写文档。

• 能组织消防事故应急处理。

11.3.2 知识目标

完成本训练任务后，你应当能（够）：

- 了解消防通信技术相关知识。
- 熟悉探测器及模块地址编码原理。
- 掌握消防系统常用器件种类名称。

11.3.3 职业素质目标

完成本训练任务后，你应当能（够）：
- 管理制度应按规定上墙。
- 应急预案应通过消防主管审核并安排相关人员学习和掌握。

11.4 任务实施

11.4.1 活动一 知识准备

下列知识可以由学员自学或老师讲授完成。
（1）消防控制中心管理制度由哪几部分组成？
（2）简述消防应急事件的处理流程。

11.4.2 活动二 示范操作

1. 活动内容

学习消防控制中心的管理制度组成部分及消防应急预案的内容，针对实际项目运行情况分析对比，并为实际项目提出修订意见。

2. 操作步骤

➡ 步骤一： 分析消防控制中心管理制度

以后续相关知识与技能中的《消防控制中心管理制度》为例进行分析，针对本人所在单位的消防情况，提出其优劣两方面的比较，初步提出有哪些可以修改。

➡ 步骤二： 修订消防控制中心管理制度

根据步骤一的分析，针对后续相关知识与技能中的《消防控制中心管理制度》进行修订，并提交管理部门审批（由学员之间角色扮演）。

➡ 步骤三： 分析消防应急预案

以后续相关知识与技能中的《消防应急预案》为例进行分析，针对本人所在单位的消防情况，提出其优劣两方面的比较，初步提出有哪些可以修改。

➡ 步骤四： 修订消防应急预案

根据步骤三的分析，针对后续相关知识与技能中的《消防应急预案》进行修订，并提交管理部门审批（由学员之间角色扮演）。

11.4.3 活动三 能力提升

参照后续相关知识与技能的内容，通过某个项目实际运行情况，针对控制中心管理制度与消防应急预案，进行相应的分析与修订。教师可围绕关键技能提出其他要求形成更多活动。

11.5 效果评价

评价标准详见附录。

11.6 相关知识与技能

11.6.1 某消防项目控制中心管理制度

消防控制中心管理制度

1.0 目的

规范消防系统运行管理工作，确保消防系统随时处于良好运行状态。

2.0 适用范围

适用于×××单位辖区内各类消防系统的运行管理。

3.0 职责

3.1 治消部经理负责消防系统设备运行管理的监督、统筹工作。

3.2 治消部主管负责消防系统设备运行管理的业务督导工作。

3.3 治消部班组长负责组织实施消防系统设备的运行管理。

3.4 治消部消防员负责具体实施消防系统设备的运行管理工作。

4.0 程序要点。

4.1 运行监控。

4.1.1 治消部消防员24h对消防主机、消防联动柜、动力配电箱、灭火显示器、防火防盗闭路电视等设备进行监控。

4.1.2 运行监控内容：

a) 消防主机显示屏是否显示系统正常。

b) 消防主机是否正常。

c) "运行"和"电源"灯是否亮，不亮时查找线路接头有无松动，如松动应紧固。

d) 巡视喷淋泵和消防泵管网系统，查看接口有无松动（松动时给予紧固），油漆是否脱落（脱落补刷油漆），水流指示器是否动作。

e) "故障"灯是否亮，灯亮时证明出现故障，立即到现场查明原因。

f) "低水位"信号灯是否亮，灯亮时立即通知机电维修电工查看水位加水。

g) "破玻灯光"信号是否亮，灯亮时到楼层查看破玻报警原因。

h) 监看闭路电视画面是否清晰，出现故障时及时通知机电维修部维修。

i) 巡视"1211"固定式气体灭火系统管网接口，紧急按钮，读出压力表指针数据，发现质量减轻时应进行密封、紧固、更换充气，消除防火区的一切杂物。

j) 设备有无出现烧焦、异味、异常声响。

k) 测试"试灯"键，试灯1~2s，发现有信号灯不亮，应查明原因给予更换。

4.1.3 在运行监控中发现有不正常情况，应进行登记，同时报告治消部主管/班组长，并进行整改。

4.2 异常情况处置。

4.2.1 当消防主机出现异常情况（如水浸入），应立即切断供给消防主机的主电源和备用电源，以免引起相关联动装置启动而造成消防主机部件烧毁。

4.2.2 当配电箱线路发生短路（过负荷）起火时，立即关掉相关设备的电源，迅速用干粉或"1211"灭火器扑灭。

4.3 机房管理。

4.3.1 非值班人员不准进入室内（巡查、检修人员除外），若需进入，须经消防管理中心主管同意，并在当值消防员允许的情况下方可进入，但时间不宜超过5min。

4.3.2 当值消防员每班打扫室内卫生，擦拭设施设备，始终保持地面、墙壁、设备无积尘、无油渍、无污物、无蜘蛛网，光亮整洁。

4.3.3 室内严禁存放一切与工作无关的物品，但应配备两瓶"1211"或干粉灭火器。

4.3.4 室内禁止吸烟。

4.3.5 室内应当通风良好，光线足够，门窗开启灵活，防小动物设施完好。

4.3.6 室内必须保持24h监视消防系统，暂时离开时，需呼叫附近保安员或班组长暂时替换，并交代值班注意事项，但不得超过10min。

4.4 交接班要求。

4.4.1 交接班时应：

a）进行外观巡视各类系统，查看各类系统是否处于正常运行状态。

b）按操作键查看消防主机内容有无改动，有无增删操作员姓名，密码是否改动、正确。

4.4.2 出现下列情况不接班：

a）上一班运行情况未交待清楚。

b）记录不正规。

c）消防主机无法进入操作功能。

d）室内存放与工作无关的物品。

e）设备上积尘未除尽，有水杯、腐蚀品。

f）地面不干净、不整洁。

g）检查物品不齐全。

h）故障正在处理中或未处理完毕，应由交班人负责处理，接班人协助（在值班干部允许时，交班人方可下班）。

4.5 资料保存与审核。

4.5.1 消防员应对每班次运行情况做好记录。填写《消防系统监控记录表》，交接班时检查各系统均正常后，双方在《消防中心交接班记录表》上签字确认。

4.5.2 治消部主管监督填写运行监控的各类记录，每周星期日将用完的记录本收到办公室归档保存，保存期3年。

4.5.3 治消部班组长每班次交接均应对每个消防中心的值班情况进行监督、检查，并在《消防中心交接班记录表》上签署巡检意见，最后由治消部主管签署审核意见。

5.0 相关支持文件

6.0 记录

《消防中心交接班记录表》

《消防系统监控记录表》

11.6.2 某消防项目消防事故应急处理预案

消防应急预案

为了确保本单位来宾、员工的人身及财产安全，保证各级领导及全体员工在发生火灾的情况下，明确各岗位、部门、人员职责，正确使用灭火器材，控制火灾蔓延，安全迅速的组织现场群众疏散和自救，特制订此应急预案。

一、报警和接警处置警程序

当任何人发现火灾时应当立即通过报警装置向消控中心报警，不得谎报。

消控中心接到火灾报警时，首先用对讲机或电话询问相关地点工作人员现场情况，并就近派遣一名保卫部人员赶赴现场查看。如属误报，应尽快查明原因并填写值班记录表；如发现确实发生火灾，应根据现场情况选择开启防排烟系统，并通知现场工作人员、保卫部及时到位控制火势蔓延，报告单位值班领导赶赴现场指挥扑救，同时向公安消防119指挥中心报警。

二、确认火灾发生后的整体处置程序

（1）现场工作人员发现火情后，第一时间向消控中心报告起火部位、燃烧物质、火势大小及蔓延方向，就近选取一切可用的灭火器材进行扑救。

（2）消控中心向公安消防119报警后，立即打开起火层相关楼层的应急广播和消防警铃，通知相关楼层人员在现场工作人员的指挥下有序疏散，疏散时注意保持现场秩序，尽量不引起现场群众恐慌，并提醒现场人员注意防止烟气。

（3）消控中心根据指挥指令切断火灾区域内的非消防电源，迫降电梯至底层，保持与现场工作人员的联系，并根据现场情况开启如：消防泵、喷淋泵、防火卷帘等设备；在现场不需要或不允许的情况下严禁随意开启设备。

（4）消控中心人员在消防部队到达现场后，及时向消防部队报告火场情况，并协助扑救火灾。

（5）单位值班领导在接到火警报告后，应立即召集相关部门负责人赶赴消控中心，并在消控中心成立临时救灾指挥部，单位最高领导人任总指挥。利用通信设备了解火情，下达扑救指令。此时必须保证消控中心与各个地方、部门、外界的联络畅通。扑救指令包括：

1）疏散现场群众，划定安全警戒区域。

2）是否需要启闭消防泵、喷淋泵、气体灭火等设施设备。

3）是否切断电源、迫降电梯。

4）是否关闭空调、通风设备，启动防排烟系统。

5）其他有利于疏散及火灾扑救的指令。

（6）各部门在接到火灾报警后，应迅速按照预案布置就位，与指挥部保持联系，各部门领导应在第一时间赶到消控中心。

三、组织机构

根据预案，在火灾突发情况下各部门成员分别成立不同的行动小组，根据指挥部领命，协调配合。

（1）灭火行动组：由保卫部确定组员名单，成立单位的志愿消防队，在接到火警报警第一时间，携带灭火器材赶赴火灾现场，根据指挥部命令实施灭火。

（2）通信联络组：各部门挑选一名，专门负责在火灾突发情况下保持与消控中心和指挥部联系，确保火灾时的通信畅通，传达指挥部命令，反馈火场情况。

（3）疏散引导组：火灾紧急情况下，各楼层人员应立即控制现场局面，防止混乱，正确疏散在场群众向安全地带撤离，由保卫部指派人员负责现场指挥疏散。

（4）安全防护救护组：由后勤部召集人员（最好懂急救常识），将受伤的群众和工作人员抬离危险区域，做好现场急救工作，并负责联络120急救中心，最大限度确保伤员安全。

四、应急疏散处置程序

（1）各楼层现场工作人员在接到火警后必须先疏散群众。

（2）疏散时注意疏散顺序，对着火层本层人员先进行疏散，其次为着火层上层及下层，防止

所有人员涌向同一出口，造成堵塞。

（3）疏散时注意防止混乱，控制现场人员情绪，提高疏散效率，根据现场情况向消控中心报告，要求启动防排烟系统。

（4）疏散时如发现受伤人员，立即联络安全防护救护组，第一时间救治伤员。

五、初起火灾扑救程序和措施

（1）灭火行动组人员接到火灾报警后，第一时间携带灭火器材赶赴火灾现场，按照"救人第一，先控制、后消灭，先重点、后一般"的原则，首先抢救被困火场的人员，控制火势与撤离物资同时进行。

（2）根据指挥部命令设立水枪阵地，能灭则灭，不能灭则尽一切办法控制火势蔓延，等待消防部队救援。

（3）灭火行动组人员在抢救火场时应注意自身安全防护，不脱离组织单独行动，在指挥部没有下达命令前不贸然行动，受到火势威胁时应及时后撤。

（4）公安消防部队到达现场后，根据消防部队需要，协助灭火。

六、通信联络保障

（1）火灾突发情况下，应设立专门的联络渠道，对讲机等设备应设立专门的对讲频道。

（2）由通信联络组负责传递各方信息，传达指挥部命令，并确保火灾时通信的畅通。

（3）各部门应制定相应的通信应急方案，在通信受到阻碍时立即启动应急方案，确保正常的信息传递。

七、安全防护救护程序和措施

（1）安全防护组接到报警后，准备好相关救护器材，急救物资，于指挥部待命。

（2）根据指挥部命令划定室内（外）安全警戒区域，制止群众围观，确保疏散出口处的畅通。

（3）根据火场情况出动，配合灭火行动组抢救伤员，采取有效地急救措施，并及时拨打120急救指挥中心。

八、火灾结束后工作

（1）各部门恢复正常工作状态。

（2）根据公安消防部门指示，由保卫部派员负责火灾现场保护，任何人不得破坏。得到撤销火灾现场保护命令时，派人及时清理，做好清理现场时的安全措施。

（3）如公安消防部门需要，全体人员必须积极配合火灾调查工作。

（4）办公室负责统计火灾损失，并在灾后2个工作日内上报。

（5）各部门要及时总结，包括起因，灭火战斗等方面存在的不足，加强部门管理，防止火灾频发。

一、单选题

1. 以下说法正确的是（　　）。

    A. 区域报警器一般设置一个建筑物的消防控制中心室内

    B. 集中报警器接受一个探测防火区域内的各个探测器的信号

    C. 区域报警系统不具有独立处理报警信号的能力

    D. 集中报警系统及其附属设备应安装在消防控制室内

2. 消防报警控制器交流电源应（　　）。

    A. 采用漏电保护　　B. 插头供电　　　　　　C. 专线供电　　　　D. 采用环链供电

3. 下列不属于组织扑救火灾原则的是（　　）。

    A. 救人重于救火　　B. 先控制、后扑灭　　C. 先排烟，后喷水　　D. 先重点，后一般

4. 收到火警信息，值班人员首先应该（　　）。

    A. 立即启动灭火设备　　　　　　　　　　B. 报告值班经理

    C. 确认火情　　　　　　　　　　　　　　D. 复位控制器

5. 对于区域报警控制器与集中报警控制器，下列说法正确的是（　　）。

    A. 二者在结构上没有本质区别

    B. 二者在结构上有重要差别

    C. 区域报警控制器针对一个小型监控区域

    D. 集中报警控制器针对一个大型监控区域

6. 当发生了火灾，而火灾报警器又在非探测部位发生了故障，报警器会（　　）。

    A. 报火警　　　　　B. 报故障　　　　　　C. 两者同时报　　　　D. 两者皆不报

7. 接到设备故障报警且不能马上排除时，应采取以下措施（　　）。

    A. 拆除故障设备，以免影响系统内其他设备

    B. 将该设备的地址线短路，以免影响系统内其他设备

    C. 将故障设备屏蔽，系统不再监视其运行情况

    D. 将控制器电源关掉

8. 声光报警器发出报警，火灾信息确认后，值班人员首先应（　　）。

    A. 打开相应防火分区的声光报警器　　　　B. 启动应急广播

    C. 消防电话求救　　　　　　　　　　　　D. 组织人员疏散

9. 防火分区间应用（　　）分隔。

    A. 木板　　　　　　B. 砖墙　　　　　　　C. 混凝土墙　　　　　D. 防火墙

10. 防烟分区一般不跨越楼层，但如果一层面积过小，允许一个以上楼层为一个防烟分区，但不宜超过（　　）层。

    A. 2　　　　　　　　B. 3　　　　　　　　　C. 4　　　　　　　　　D. 5

11. 依据公安部第61号令，企业应当至少（　　）进行一次防火检查。

    A. 每月　　　　　　B. 每星期　　　　　　C. 每季度　　　　　　D. 每年

12. 凡是在特级动火区域内的动火必须办理（　　）。

    A. 相关手续　　　　B. 许可证　　　　　　C. 特级动火证　　　　D. 动火证

13. 由于行为人的过失引起火灾，造成严重后果的行为，构成（　　）。

    A. 纵火罪　　　　　B. 失火罪　　　　　　C. 玩忽职守罪　　　　D. 重大责任事故罪

14. 发生火灾时，不得组织（　　）扑救火灾。

    A. 女青年　　　　　B. 未成年人　　　　　C. 军人　　　　　　　D. 警察

15. 身上着火后，下列哪种灭火方法是错误的（　　）。

    A. 就地打滚　　　　　　　　　　　　　　B. 用厚重衣物覆盖压灭火苗

    C. 迎风快跑　　　　　　　　　　　　　　D. 跳入浅水池中

二、多选题

1. 为了应对火灾事故，单位制定消防应急方案时应该要求做到（　　）。

    A. 明确各岗位、部门、人员职责　　　　　B. 正确使用灭火器材

    C. 控制火灾蔓延   D. 安全迅速的组织现场群众疏散和自救

    E. 以扑灭火灾，减轻财物损失为第一任务

  2. 任何人发现火灾都应当立即报警，任何单位、个人都应当做到（   ）。

    A. 无偿为报警提供便利   B. 不得阻拦报警

    C. 严禁谎报火警   D. 不能私自组织扑救火灾

    E. 一旦发生火灾立即逃走

  3. 现场工作人员发现火情后，应第一时间向消控中心报告（   ），并就近选取一切可用的灭火器材进行扑救。

    A. 起火部位   B. 燃烧物质   C. 火势大小   D. 蔓延方向

    E. 纵火人员

  4. 火灾现场总指挥根据扑救火灾的需要，有权决定（   ）事项。

    A. 使用各种水源

    B. 截断电力、可燃气体和可燃液体的输送，限制用火用电

    C. 划定警戒区，实行局部交通管制

    D. 利用邻近建筑物和有关设施

    E. 调动供水、供电、供气、通信、医疗救护、交通运输、环境保护等有关单位协助灭火救援

  5. 消防车、消防艇前往执行火灾扑救或者应急救援任务，在确保安全的前提下，不受（   ）的限制，其他车辆、船舶以及行人应当让行，不得穿插超越；收费公路、桥梁免收车辆通行费。

    A. 行驶速度   B. 行驶路线   C. 行驶方向   D. 行人安全

    E. 指挥信号

  6. 应急照明灯的电源除正常电源外，（   ）或选用自带电源型应急灯具。

    A. 另有一路电源供电

    B. 或者是独立于正常电源的柴油发电机组供电

    C. 或由蓄电池柜供电

    D. 变电所

    E. 发电站

三、判断题

  1. 发生火灾后，为尽快恢复生产，减少损失，受灾单位或个人不必经任何部门同意，可以清理或变动火灾现场。（   ）

  2. 消防车、消防艇以及消防器材、装备和设施，在没有发生火灾时可作他用。（   ）

  3. 安装在爆炸危险场所的灯具应是防爆型的。（   ）

  4. 公共场所室内装修时，只要配备足够的消防器材，可以使用易燃材料。（   ）

  5. "ABC干粉灭火器"的意思是能灭A类、B类和C类火灾。（   ）

  6. 可燃气体与空气形成混合物遇到明火就会发生爆炸。（   ）

  7. 发生火警后必须先疏散人员。（   ）

  8. 对于初起火灾，本单位应该组织人力救火，能灭则灭，不能灭则尽一切办法控制火势蔓延，等待消防部队救援。（   ）

  9. 发生火灾组织疏散时如发现受伤人员，立即联络安全防护救护组，第一时间救治伤员。（   ）

  10. 按规范要求，消防控制中心可与其他系统控制中心合并使用。（   ）

参考答案

单选题	1. D	2. C	3. C	4. A	5. A	6. A	7. C	8. A	9. D	10. B
	11. A	12. C	13. B	14. B	15. C					
多选题	1. ABCD	2. ABC	3. ABCD	4. ABCDE	5. ABCE	6. ABC				
判断题	1. N	2. N	3. Y	4. N	5. Y	6. N	7. Y	8. Y	9. Y	10. N

任务 ⑫

火灾自动报警系统图绘制与验证

该训练任务建议用 3 个学时完成学习及过程考核。

12.1 任务来源

为了更好地培养消防系统维修维护人员的读图能力，有必要在能够读图的基础上增加绘图训练，以及针对其所绘图内容的系统组建与实施，通过这一方法，加强此类人员对消防系统的理解。

12.2 任务描述

绘制消防系统各种设备图例符号、绘制小型消防系统的系统图，以所绘系统图为案例实施系统的连接与调试。

12.3 目标描述

12.3.1 技能目标

完成本训练任务后，你应当能（够）：

1. 关键技能

- 能解读自动报警系统图。
- 会绘制探测器、报警器、功能模块系统图。
- 能组建火灾自动报警验证操作。

2. 基本技能

- 会火灾自动报警系统图的识读。
- 能识别火灾自动报警系统图例符号。

12.3.2 知识目标

完成本训练任务后，你应当能（够）：

- 了解消防通信技术相关知识。
- 熟悉火灾报警运行原理。
- 掌握消防系统常用图例符号。

12.3.3 职业素质目标

完成本训练任务后，你应当能（够）：

- 图纸与实际情况必须相符，如有更改应及时修订图纸和相关资料。
- 遵守火灾报警系统图编制的规则，保持严谨态度。

12.4 任务实施

12.4.1 活动一　知识准备

下列知识可以由学员自学或老师讲授完成。

(1) 什么是系统图？

(2) 火灾报警系统图的组成原则？

12.4.2 活动二　示范操作

1. 活动内容

学习消防自动报警系统图的构成及绘制方法、配线标注及设备图例等内容，根据图 12-1、图 12-2、图 12-3 分析学习，并练习绘制。

2. 操作步骤

➡ 步骤一：火灾报警系统设计依据

- 相关规范和标准。
- 技术文件。
- 工程项目的具体情况。

➡ 步骤二：火灾报警系统图的图例符号

- 在系统图中，以设备的图例符号表示某个设备，并形成符合规范的统一的标准常用图形符号，见表 12-1。
- 消防部分设备材料较多，新材料层出不穷，所以它们的图形符号并不一定是表中唯一的画法，每份设计图纸都会有相关的设备材料表，在其对应的图例说明中也可以查到消防设备材料在该套图纸中的图例表示。

表 12-1　　　　　　　　　　火灾报警系统常用图形符号

图形符号	名称及说明	备注	图形符号	名称及说明	备注
★	火灾报警控制器	需区分火灾报警装置，★用字母代替，C：集中型，Z：区域，G：通用，S：可燃气体	Y◎	带电话插孔消火栓起泵按钮	
★	火灾控制、指示设备	需区分设备，★用字母代替	◎	电话插孔	
CT	缆式线型定温探测器		○	按钮盒	

图形符号	名称及说明	备注	图形符号	名称及说明	备注
!	感温探测器		↗	水流指示器	
!N	感温探测器	非编码地址	P	压力开关	
∫N	感烟探测器	非编码地址		火灾报警电话	对讲电话机
∫	感烟探测器			火灾警铃	
∫EX	感烟探测器	防爆型		火灾报警器	
∧	感光式火灾探测器			火灾光信号装置	
↙	气体火灾探测器	点式		火灾声光报警器	
! ∫	复合式感温感烟探测器			火灾警报扬声器	
∧ ∫	复合式感光感烟探测器		•↗	向上配线	
∧ !	复合式感光感温探测器	点式	•↘	向下配线	
┼	线型差定温探测器		↕	垂直通过配线	
•∫•	线型光束感烟探测器	发射部分	◯	盒、一般符号	
→∫•	线型光束感烟探测器	接收部分	⊙	连接盒、接线盒	
Y	手动火灾报警按钮		◎	按钮	
Y	消火栓起泵按钮		⊗	带指示灯按钮	

▶ 步骤三： 火灾报警系统图设计原则

· 设计系统图说明。

（1）设计系统图区域（层次、设计部分面积）。建筑整体状况：层数、面积、分类、结构、耐火等级、功能等。

（2）采用统一编制设计。

（3）系统图要注明导线部分线型、规格、穿管、敷设要求。并注意电话线、广播线要单独穿管。

（4）图例、主要设备材料表在附录内，也可置于系统图中或按设备材料格式要求单独列表。

（5）图标填写要正确，系统名称、设计项目、项目地址等，应做到准确、统一、简明。

（6）说明文字应简练、明确。

· 系统图。

（1）系统图所有设备、组件、导线均以图例表示，图例宜列表说明，不推荐部分设备、组件采用图例，不采用生冷或难以理解的图例。

（2）系统图应标注导线名称、型号、规格、穿线管类型、规格、敷设方式等。

（3）系统图应能反映出系统设置区域的名称、大致位置。该系统图可以只绘制本设计部分与本次设计组成的相关部分，并在系统图标注"只针对本次设计部分"。

（4）线型：系统图线型图例可以采用直线、虚线、点划线等表示，为简化绘图工作量及图面清晰度，推荐采用下列图例，导线型号规格、穿线管种类规格、敷设方式由设计自定。

S _____	信号总线	P _____	电源总线
G _____	广播线	T _____	通信线
H _____	电话线	K _____	多线控制线
X _____	消火栓按钮起泵反馈线		
Y _____	压力开关起泵线		

（5）图例及主要设备材料表（应有名称、规格型号、单位、数量等）可以放在设计与施工说明或系统图内，也可单独列表并编入图纸目录。

（6）检查系统图信号线回路布置是否合理。

▶ 步骤四： 火灾报警系统图案例

· 分析几种系统图样例，如图 12-1、图 12-2 所示（由于图纸较大，页面显示清晰度有限，请读者寻找标准大图案例分析）。

· 根据分析编制以探测设备、报警设备等组成的系统图。

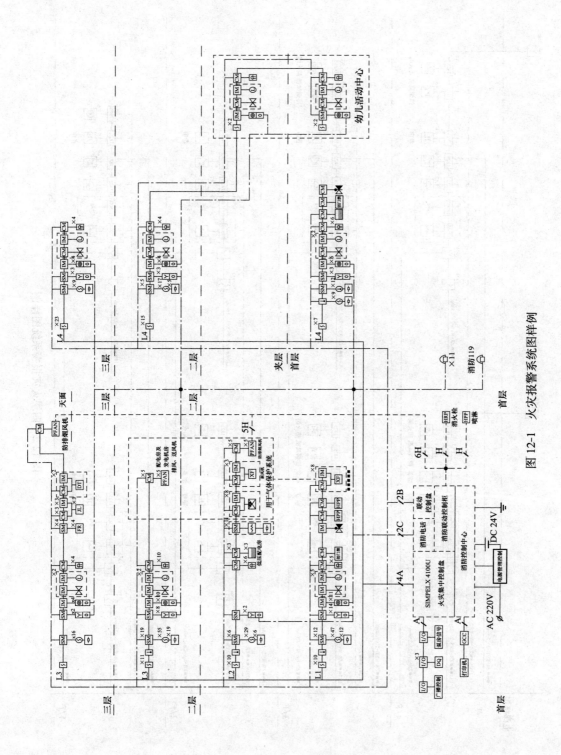

图 12-1　火灾报警系统图样例

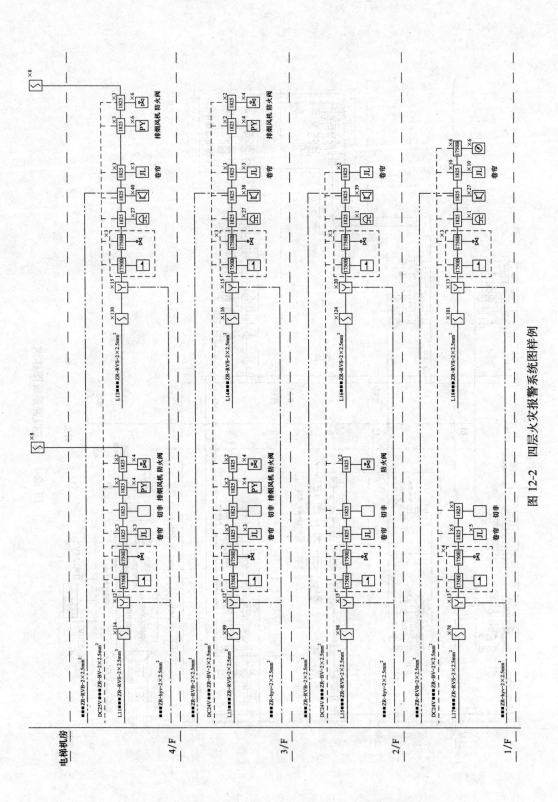

图 12-2　四层火灾报警系统图样例

⟶▶ 步骤五： 设计案例实施

- 根据编制的系统图组建火灾自动报警验证操作。
- 当感烟、感温探测器或手动报警按钮动作时触发声光警告，多个区域内的火灾显示盘有显示警告信息。
- 在报警控制器内查询报警日期时间并打印报警信息。如图 12-3 所示。

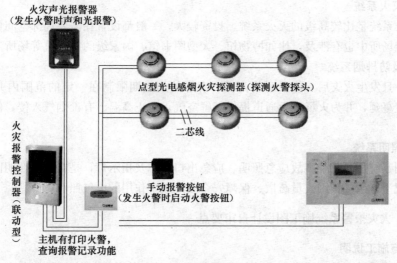

图 12-3　查询报警信息

12.4.3　活动三　能力提升

有一大楼共 10 层，消防控制中心在一层，使用 GK603 火灾报警控制器，每层配置有 10 个 GY601 感烟探测器、2 个 GM601B 手动报警按钮、4 个 GW602 感温探测器，绘制该配置的系统图。教师可围绕关键技能点提出不同要求形成更多活动。

12.5　效果评价

评价标准详见附录。

12.6　相关知识与技能

12.6.1　消防系统的组成

消防系统由火灾自动报警系统及联动控制系统、自动喷淋系统、消火栓系统、气体灭火系统、通风及防排烟系统、应急照明系统组成。

1. 火灾自动报警系统及联动控制系统

自动报警系统是现代建筑中最重要的消防设施之一，根据火灾报警器（探头）的不同，分为烟感、温感、光感、复合等多种形式，适应不同场所。火灾报警信号确定后，将自动或通知值班人员手动启动其他灭火设施和疏散设施，确保建筑和人员安全。

2. 自动喷淋系统

自动喷洒系统是我国当前最常用的自动灭火设施，在公众集聚场所的建筑中设置数量很大，自动喷洒灭火系统对在无人情况下初期火灾的扑救，非常有效，极大的提升建筑物的安全性能。

保证自动喷水灭火系统的完好有效，意义重大。

3. 消火栓系统

消火栓系统是最常用的灭火方式，它由蓄水池，加压送水装置及室内消火栓等主要设备构成，这些设备的电气控制包括水池的水位控制，消防用水和加压水泵的启动，主要作用控制可燃物，隔绝助燃物，消除着火源。

4. 气体灭火系统

气体灭火系统是比较高级的灭火系统，投资较大。一般都设置在需要局部空间保护的高级场所，公众集聚场所中也有涉及，比如博物馆、大型图书馆、国家级的古建筑等场所。

5. 通风及防排烟系统

建筑物一旦发生火灾后，能及时将高温、有毒的烟气期限制在一定的范围内并迅速排出室外，限制火灾蔓延，并为火场逃生通道提供新鲜空气，防止高温、有毒烟气入侵，保证火场逃生人员的安全。

6. 应急照明系统

应急照明系统主要包括事故应急照明、应急出口标志及指示灯，是在正常照明因电源发生故障熄灭的情况下，引导被困人员疏散、保障安全或继续工作用的电气照明。

12.6.2　火灾报警系统施工图设计自审要点

1. 设计与施工说明

（1）应说明设计区域（层次、设计部分面积）。建筑整体状况：地下层数、地上层数、建筑总面积、建筑占地面积、建筑高度、高层建筑分类、建筑结构、耐火等级、建筑功能等。

（2）建议采用统一编制的设计与施工说明模板。对模板中不适用于本次设计部分的说明应予以删除，不足的部分需要补充。

（3）导线说明部分的线型、规格、穿管、敷设要求应与系统图、平面图一致。并注意电话线、广播线要单独穿管。埋地导线要穿焊接钢管，并采用电缆，埋地深度标高一般为−0.700m。

（4）图例、主要设备材料表可以在设计与施工说明版图内，也可置于系统图中或按设备材料格式要求单独列表。

（5）检查图标填写是否确切，如工程名称、设计项目、设计阶段、图号等，应做到准确、统一、简明。

（6）说明文字应简练、明确，不致造成误解。

2. 系统图

系统图是用于描绘系统的组成结构，表明系统的工作原理，设备的作用及相互间关系的一种图纸，是工程施工图纸的组成部分。

（1）建议按建设单位指定的火灾报警产品或业内知名品牌产品设计手册设计。系统图所有设备、组件、导线均以图例表示，图例宜列表说明，不推荐部分设备、组件采用图例。图例原则上按产品设计手册示例，不宜采用生冷或难以理解的图例。

（2）系统图应标注导线名称、型号、规格、穿线管类型、规格、敷设方式等，并和设计与施工说明中的有关说明及平面图的标注一致。

（3）系统图应能反映出系统设置区域的名称、大致位置。设备组件设置线路等与平面图一致。如本次设计区域是建筑的一部分，该系统图可以只绘制本设计部分与本次设计组成的相关部分，并在系统图标注"只针对本次设计部分"。

（4）设计区域若有防爆要求的，应以虚线方框界定区域位置并分别标注防爆区、安全区字样。火灾报警控制器、防爆接口等设备应置于安全区。防爆区域必须要设火灾报警系统的，其防爆区域内的报警设备、组件应为防爆产品，其电气线路、穿线管（必须为焊接钢管）、接线盒必须满足防爆要求。电气线路施工各种防爆要求说明亦应在平面图上注明。

（5）系统图中设备、组件的连线要在相应的"T"型连接处加小圆点，直线拐弯处不加小圆点。

（6）线型：系统图与平面图中的线型应该一致。线型图例可以采用直线、虚线、点划线等表示，为简化绘图工作量及图面清晰度，推荐采用下列图例，导线型号规格、穿线管种类规格、敷设方式由设计自定。

S ———— 信号总线   P ———— 电源总线

G ———— 广播线   T ———— 通信线

H ———— 电话线   K ———— 多线控制线

X ———— 消火栓按钮起泵反馈线

Y ———— 压力开关起泵线

（7）图例及主要设备材料表（应有名称、规格型号、单位、数量等）可以放在设计与施工说明或系统图内，也可单独列表并编入图纸目录。

（8）检查系统图信号线回路布置是否合理。

（9）建筑如设置应急照明和疏散指示系统，应检查其系统图是否对应急照明电源箱进行控制。

某消防工程案例的系统图如图 12-4 所示。

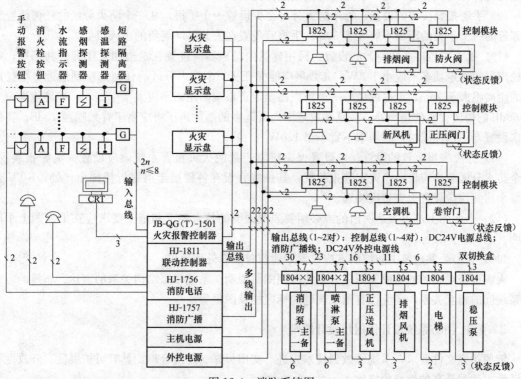

图 12-4　消防系统图

3. 平面图

（1）平面图所有设备、组件、接线应与系统图一致，设备、组件布局应为实际安装位置。平面图中的显示、控制等模块不论是否设置在端子箱或控制器内均应与相关的设备、组件在平面图上同时表达清楚，并反映与系统图一致的连线关系。

（2）平面图上的建筑各层次以及同一平面各方向的线路进出节点来龙去脉要表达清楚，如消火栓按钮启泵反馈线建筑上、下层连接关系，同层连接关系以及从何节点引至消火栓控制柜。报警阀压力开关如何引至喷淋泵控制柜亦应在图纸上表达清楚。同样各保护区至区域机的线路以及区域机至主控制器的线路也要绘制完整。

（3）对设有火灾报警系统的平面图上不需要设置火灾探测器的区域，如卫生间等处应标明房间名称。

（4）消防控制室火灾报警器应单独出安装平面图，并标注设备位置尺寸。消防控制室宜设在建筑的首层或地下一层，且应采用耐火极限不低于 2h 的隔墙和 1.5h 的楼板与其他部位隔开，并应设直通室外的安全出口。

（5）平面图上的常用排烟口（阀）或送风口（阀）附近应设手动开启装置。

（6）设有排烟系统的平面图上应同时绘制该平面的防烟分区示意图，其控制部分应符合下列要求：当火灾确认后，同一排烟系统中着火防烟分区的排烟口（阀）或排烟防火阀应呈开启状态，其他防烟分区的排烟阀或排烟口应呈关闭状态。

（7）排烟区域如设补风系统，应与排烟系统联动开启。

（8）探测器的设置。按各类探测器的保护面积和保护半径布置探测器；电梯井、升降机井机房顶棚应设置探测器；楼梯间至少每隔 3～4 层设置 1 只探测器，楼梯顶层应设置探测器；商业或公共厨房、发电机房、开水间等温度变化较大的场所应设 90～100℃ 的定温探测器，其与热源的距离应符合有关规定，地下车库应采用差温探测器。

（9）手动报警按钮的设置。每个防火分区至少设置一个手报，从一个防火分区的任何位置到最邻近的一个手报的距离不应大于 30m。手报宜设置在公共活动场所的出入口处。

（10）火灾应急广播扬声器的设置。民用建筑内扬声器应设置在走道和大厅等公共场所，每个扬声器的额定功率不应小于 3W，其数量应能保证从一个防火分区的任何部位到最近一个扬声器的距离不大于 25m，走道内最后一个扬声器至走道末端的距离不应大于 12.5m；在环境噪声大于 60dB 的场所设置的扬声器，在其播放范围内最远点的播放声压级应高于背景噪声 15dB；宾馆套房设置专用扬声器时，其功率不宜小于 1.0W。

（11）火灾警报装置的设置。未设置火灾应急广播的火灾报警系统，应设置火灾警报装置，每个防火分区至少应设一个火灾警报装置，其位置宜设在各楼层走道靠近楼梯出口处；KTV 包间每个房间均应设置火灾警报装置。

（12）平面图上难以表达明白的或必须要强调说明的技术要求和施工要求应在平面图上予以说明。

（13）大型公共建筑消防控制室应设置于建筑首层靠外墙部位。

火灾报警系统图的组成原则应有系统所用图例说明、系统楼层结构关系的表达、布线的方式及系统间的相互关系，还应该有图纸规范的标题栏及图框等。

12.6.3 消防系统设计依据及设计原则

依照招标文件要求，系统要做到技术先进、实用可靠、经济合理，具有可扩展性、开放性和灵活性，达到最高的性能价格比。

（1）技术先进，符合未来火灾报警系统的发展趋势。选择多 CPU 结构的报警主机、真正对等的令牌式信息传递的专业消防网络、通过 UL 认证的 AWACS 智能火灾感应算法软件、具有极早期报警功能的激光探测器，以及作为独立节点工作在高速工控机上的网络图形监控管理工作站，这些均代表了目前消防领域的先进技术，符合未来火灾报警系统集散型工作方式的发展趋势，符合计算机技术和网络通信技术最新发展潮流并且应用成熟的系统。

（2）系统可靠性、安全性高。"在最坏的情况下，系统仍具有完整的工作能力"——应是始终不变的设计理念。采用环形令牌式无缝对等网络结构，当网络中任意一点遭到破坏时整个网络仍然能够正常工作，其多 CPU 结构的报警主机，具有强大的抗破坏性。

多 CPU 主机结构，具有电气隔离功能的输入输出接口，以及多探测器的关联算法功能保证系统在最坏的环境下仍然能够可靠的运行。同时，选择经过大量的工程实例证明的产品，保证系统的可靠性。

（3）系统实用性高。应保证方案所配置的系统符合工程实际需要以及国家有关规范和功能要求，并且系统操作简捷、界面友好、维护和扩容方便。

（4）系统抗干扰能力强。外部设备与主机的全部接口均采用光隔离，防止外部电气干扰信号的侵入；具有 AWACS 智能火灾感应程序算法，可有效清除各种电气干扰和环境影响；探测元件采用独特的抗干扰设计，保证探测到的火灾信号真实、可靠。

系统可抵抗在 80MHz 至 1GHz 的范围内和辐射电磁场不小于 10V/m 环境下的强电磁干扰；系统可抵抗无线电频率为 150KHz 至 27MHz 中的接触性干扰。

（5）系统开放性好。要求系统可提供多种国际标准的接口和通信协议，如与自动化楼控系统、保安监视系统共同组建全方位立体化的安全系统。通用的操作系统、规范的操作数据库管理系统等，使系统具备良好的灵活性、兼容性。

（6）系统扩展空间大，便于未来使用的调整及新技术的应用。在方案配置中，系统保留足够冗余量（30％），充分考虑到用户在未来使用中可能需要系统的扩展或变化，方案配置的系统在报警主机网络方面应具有强大扩展能力。其所连接的报警和控制设备信息均可以通过网络传送到消防中心网络图形显示控制工作站 NCS 上显示，消防中心的图形网络显示控制工作站 NCS 亦能对其他报警控制主机 FACP 所连接的设备进行控制；同时考虑到未来科学的发展和新技术的应用，FACP 主机采用 32 位微处理器，内置专用应用软件，仅需通过离线编程软件将高版本应用软件下载到 FACP 即可实现系统升级，无需系统停机，简单方便。

（7）经济性。满足性能与价格之比达到最优，其经济性不止体现在产品本身的价格，还体现在设备安装后的运行保养的经济性。

要求消防软件完全公开，在购买系统设备硬件的同时，也获得了软件的所有权，在日后的工程改造、系统维护时，用户可自行修改程序，而无需再支付软件狗的费用。

（8）管理维护方便易行。系统集中管理显示控制中心具有友好的人机界面，以简体中文方式详细显示故障点、报警点的位置、类型特征等信息，火灾报警控制主机具有自动测试功能，完备的在线、离线操作、编程功能，便于用户的日常管理维护工作。

（9）施工布线灵活。系统设计要可根据施工现场具体情况采用环接或支接均可，保证系统较强的抗干扰设计，才能使布线只采用普通的双绞线即可，无需使用屏蔽线。

练习与思考

一、单选题

1. 自动报警系统是现代建筑中最重要的消防设施之一，根据（　　）所探测物理对象的不同，分为烟感、温感、光感、复合等多种形式，适应不同场所。

  A. 火灾探测器 B. 模块   C. 设备盘   D. 警报器

2. 应急照明电路的电源有采用双回路切换供电及（　　）。

  A. EPS 电源，UPS 电源

  B. 集中蓄电池电源，内装蓄电池应急灯，备用电源

  C. 内装蓄电池应急灯，集中蓄电池电源，双回路切换电源再加蓄电池

  D. 带蓄电池的应急灯，集中蓄电池电源，UPS 电源

3. 输入输出模块连接的线路，除电源外，还有（　　）。

  A. 信号总线，输出信号，报警信号

  B. 信号总线，启动命令，设备启动反馈信号

  C. 输出信号，输入信号，开关信号

  D. 信号总线，输出信号，控制信号

4. 自动喷洒系统是我国当前最常用的自动灭火设施，在公众集聚场所的建筑中设置数量很大，自动喷洒灭火系统对在（　　）情况下初期火灾的扑救，非常有效，极大的提升及建筑物的安全性能。

  A. 有人   B. 高温   C. 无人   D. 火势猛烈

5. 系统图中设备、组件的连线要在相应的（　　）加小圆点。

  A. T 型连接处   B. 不相连的十字交叉处

  C. 直线拐弯处   D. 以上都不对

6. 消防图纸中用 G 表示（　　）。

  A. 电源线   B. 电话线   C. 信号总线   D. 广播线

7. 火灾时，空调系统（　　）防火阀切断管道。

  A. 50℃   B. 70℃   C. 170℃   D. 230℃

8. 在建筑内部消火栓系统是最常用的灭火方式，它由蓄水池、加压送水装置及（　　）等主要设备构成。

  A. 广播喇叭   B. 室外消火栓   C. 室内消火栓   D. 消防总线

9. 非编码探测器可以通过（　　），接到信号总线上。

  A. 输入模块   B. 编码   C. 终端电阻   D. 地址总线

10. （　　）主要包括事故应急照明、应急出口标志及指示灯。

  A. 消防广播系统 B. 应急照明系统 C. 消防联动系统 D. 火灾报警系统

11. 防排烟系统能及时将（　　）的烟气限制在一定的范围内并迅速排出室外。

  A. 高温   B. 屋顶风机   C. 高温、有毒   D. 排烟风机

12. 按探测原理，感烟式火灾探测器分为（　　）。

  A. 点型，线型两类

  B. 离子感烟，光电感烟

  C. 离子感烟，光电感烟，红外光束三类

  D. 离子感烟，光电感烟，散射感烟，减光式感烟四类

13. 可燃气体探测器能运用在可燃性气体的泄漏报警，通常运用地点不包括（　　）。

  A. 公寓和住宅厨房   B. 燃气锅炉房

  C. 燃气表房   D. 汽车库

14. 红外光束火灾探测器的设置，不正确的是（　　）。

A. 高度不超过 20m

B. 一对红外光束探测器最大保护面积为 14m×100m

C. 高度超过 20m

D. 一对红外光束探测器最大保护宽度为 14m

15. 探测器地址采用二进制编码时，从低位到高位分别是 1011011，其地址是（   ）。

A. 155　　　　　　B. 133　　　　　　C. 109　　　　　　D. 91

二、多选题

1. 线管的转角弯曲要求为（   ）。

A. 必须大于 90°　　B. 不超过 3 个转角　　C. 不超过 2 个转角　　D. 不能有 S 形

E. 大于或等于 90°

2. 消防设计与施工说明中应说明建筑整体状况，包括（   ）以及高层建筑分类、建筑结构、耐火等级、建筑功能等。

A. 地下层数　　　　B. 地上层数　　　　C. 建筑总面积　　　　D. 建筑占地面积

E. 建筑高度

3. 在检查图纸的工程名称、设计项目、设计阶段、图号等内容时，应做到（   ）。

A. 准确　　　　　　B. 统一　　　　　　C. 清洁　　　　　　D. 简明

E. 规范

4. 线管弯曲处弯扁程度为（   ）。

A. 不大于管外径的 10%　　　　　　　　B. 不大于管内径的 10%

C. 弯曲半径不小于管外径的 6 倍　　　　D. 弯曲半径不小于管内径的 6 倍

E. 视管壁厚度而定

5. 系统验收时，下列资料中施工单位应提供的是（   ）。

A. 竣工验收申请报告、设计变更通知书、竣工图

B. 工程质量事故处理报告

C. 施工现场质量管理检查记录

D. 火灾自动报警系统施工过程质量管理检查记录

E. 火灾自动报警系统的检验报告、合格证及相关材料

6. 消防控制室应能用同一界面显示周边消防车道、（   ）以及相邻建筑间距、楼层、使用性质等情况。

A. 消防登高车操作场地　　　　　　　　B. 消防水源位置

C. 安全出口布置图　　　　　　　　　　D. 建筑消防系统图

E. 消防水池

三、判断题

1. 干式系统内因为充有压缩空气，所以喷水灭火反应比湿式系统快。（   ）

2. 水幕系统的工作原理与雨淋系统基本相同，都必须安装开式喷头。（   ）

3. 水幕系统可以扑灭局部火灾。（   ）

4. 湿式喷水灭火系统受环境温度的限制，适合安装在室内温度不低于 4℃，且不高于 70℃能用水灭火的建、构筑物内。（   ）

5. 稳压泵可以维持消防水路管网的压力，使其保持在一定范围内，以保证水灭火系统在火灾时的初期用水压力。（   ）

6. 图例、主要设备材料表可以在设计与施工说明版图内，也可置于系统图中或按设备材料

任务 ⑫

格式要求单独列表。（　　）

7. 应急照明系统主要包括事故应急照明、应急出口标志及指示灯。（　　　）

8. 通风及防排烟系统为火场逃生通道提供新鲜空气，防止高温、有毒烟气入侵。（　　）

9. 气体灭火系统是比较高级的灭火系统，投资较大。（　　　）

10. 消防系统图纸中 L＋、L－表示消防总线。（　　　）

参考答案

单选题	1. A	2. C	3. B	4. C	5. A	6. D	7. B	8. C	9. A	10. B
	11. C	12. B	13. D	14. C	15. C					
多选题	1. ABD	2. ABCDE	3. ABDE	4. AC	5. ABCDE	6. AB				
判断题	1. N	2. N	3. N	4. N	5. N	6. Y	7. Y	8. Y	9. Y	10. Y

任务 13

消防联动系统设备的系统图绘制与验证

该训练任务建议用 3 个学时完成学习及过程考核。

13.1 任务来源

消防联动设备的运行操作首先在于理解其原理，即对设备控制原理图及系统图充分的掌握。对于消防系统管理人员来说，在理解的基础上更应具备原理图绘制的技能，并能在实践中对控制原理进行验证。

13.2 任务描述

根据消防联动设备的原理绘制系统，能描述系统设备的组成及设备功能，明确各设备之间的控制关系，并将所绘制系统通过实践进行验证。

13.3 目标描述

13.3.1 技能目标

完成本训练任务后，你应当能（够）：

1. 关键技能

- 能绘制卷帘门系统图并验证。
- 会绘制自动喷淋灭火系统图并验证。
- 能绘制气体灭火系统图并验证。

2. 基本技能

- 能描述消防联动设备的控制原理。
- 会实际操作消防联动设备。

13.3.2 知识目标

完成本训练任务后，你应当能（够）：

- 了解消防通信技术相关知识。
- 熟悉探测器及模块地址编码原理。
- 掌握消防系统常用器件种类名称。

13.3.3　职业素质目标

完成本训练任务后，你应当能（够）：

- 图纸与实际情况必须相符，如有更改应及时修订图纸和相关资料。
- 图纸设计应符合相关规定，并在说明中予以标注。

13.4　任务实施

13.4.1　活动一　知识准备

下列知识可以由学员自学或老师讲授完成。

（1）气体灭火系统的灭火控制盘控制哪些外部设备？

（2）自动喷淋灭火系统由哪些部件组成？

13.4.2　活动二　示范操作

1. 活动内容

学习消防联动系统图的构成及绘制方法、配线标注及设备图例等内容，根据图 13-1、图 13-2、表 13-1 分析学习，并练习绘制系统图。

2. 操作步骤

▪▪▷ 步骤一：　绘制自动喷淋灭火系统控制原理图

参照图 13-1 理解自动喷淋灭火系统的控制原理，结合实际操作掌握每一个动作步骤的过程，并结合自动喷淋灭火系统实训装置模仿绘制系统控制原理图。

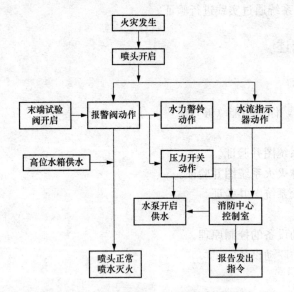

图 13-1　自动喷淋灭火系统控制原理图

▪▪▷ 步骤二：　绘制自动喷淋灭火系统示意图

参照图 13-2 掌握自动喷淋灭火系统的组成，并结合自动喷淋灭火系统实训装置模仿绘制系统示意图。

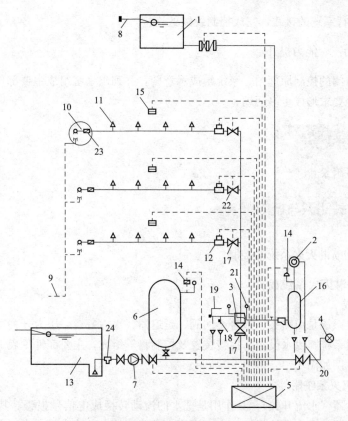

图 13-2　自动喷淋灭火系统示意图

▸▸▸ 步骤三：列出自动喷淋灭火系统组成部件表

参照表 13-1 理解自动喷淋灭火系统各组成部件的功能，并结合自动喷淋灭火系统实训装置列出主要部件表。

表 13-1　　　　　　　　　　　　自动喷淋灭火系统主要部件表

编号	名称	用途	编号	名称	用途
1	高位水箱	储存初期火灾用水	13	水池	储存 1h 火灾用水
2	水力警铃	发出音响报警信号	14	压力开关	自动报警或自动控制
3	湿式报警阀	系统控制阀，输出报警水流	15	感烟探测器	感知火灾，自动报警
4	消防水泵接合器	消防车供水口	16	延迟器	克服水压液动引起的误报警
5	控制箱	接收电信号并发出指令	17	消防安全指示阀	显示阀门启闭状态
6	压力罐	自动启闭消防水泵	18	放水阀	试警铃阀
7	消防水泵	专用消防增压泵	19	放水阀	检修系统时，放空用
8	进水管	水源管	20	排水漏斗（或管）	排走系统的出水
9	排水管	末端试水装置排水	21	压力表	指示系统压力
10	末端试水装置	试验系统功能	22	节流孔板	减压
11	闭式喷头	感知火灾，出水灭火	23	水表	计量末端试验装置出水量
12	水流指示器	输出电信号，指示火灾区域	24	过滤器	过滤水中杂质

▸▸▸ 步骤四：验证自动喷淋灭火系统的运行控制过程

根据绘制完成的控制原理图及系统组成示意图，通过实践验证其运行过程，有条件的前提下可进行系统的接线，完成控制线路的连接。

13.4.3 活动三　能力提升

绘制防火卷帘门的控制原理图，系统组成示意图，并列出系统组成主要部件表。教师可围绕关键技能提出其他要求形成更多活动。

13.5　效果评价

评价标准详见附录。

13.6　相关知识与技能

13.6.1　自动喷淋灭火系统的控制

（一）自动喷淋灭火系统简介

1. 系统的组成

自动喷淋灭火系统是由喷头、报警止回阀、延迟器、水力警铃、压力开关（安装在于管上）、水流指示器、管道系统、供水设施、报警装置及控制盘等组成，主要部件见表13-1，其控制原理图及系统组成示意图如图13-1及图13-2所示。

2. 自动喷淋灭火系统附件

（1）水流指示器（水流开关）：其作用是把水的流动转换成电信号报警。其电接点即可直接启动消防水泵，也可接通电警铃报警。在多层或大型建筑的自动喷水系统中，在每一层或每分区的干管或支管的始端安装一个水流指示器。

水流指示器分类：按叶片形状分为板式和桨式两种。按安装基座分为管式、法兰连接式和鞍座式三种。

桨式水流指示器的工作原理：当发生火灾时，报警阀自动开启后，流动的消防水使桨片摆动，带动其电接点动作，通过消防控制室启动水泵供水灭火。

（2）洒水喷头：喷头可分为开启式和封闭式两种，它是喷水系统的重要组成部分。

1）封闭式喷头：可分为易熔合金式、双金属片式和玻璃球式三种，应用最多的是玻璃球式喷头。

火灾时，开启喷水是由感温部件（充液玻璃球）控制，当装有热敏液体的玻璃球达到动作温度（57、68、79、93、141、182、227、260℃）时，球内液体膨胀，使内压力增大，玻璃球炸裂，密封垫脱开，喷出压力水，由于压力降低压力开关动作，将水压信号变为电信号向喷淋泵控制装置发出启动信号，保证喷头有水喷出。同时，流动的消防水使主管道分支处的水流指示器电接点动作，接通延时电路，通过继电器触点，发出声光信号给控制室，以识别火灾区域。喷头具有探测火情、启动水流指示器、扑灭早期火灾的重要作用。其特点是结构新颖、耐腐蚀性强、动作灵敏、性能稳定。适用于高层建筑、仓库、地下工程、宾馆等适用水灭火的场合。

2）开启式喷头：按其结构可分为双臂下垂型、单臂下垂型、双臂直立型和双臂边墙型四种。

开启式喷头的特点：外形美观，结构新颖，价格低廉，性能稳定，可靠性强。适用于易燃、易爆品加工现场或储存仓库以及剧场舞台上部的葡萄棚下部等处。

（3）压力开关：它安装在延迟器与水力警铃之间的信号管道上。

压力开关的工作原理：当喷头启动喷水时，报警阀阀瓣开启，水流通过阀座上的环形槽流入信号管道和延迟器。延迟器充满水后，水流经信号管进入压力继电器，压力继电器接到水压信号，即接通电路报警，并启动喷淋泵。

（4）湿式报警阀：安装在总供水干管上，连接供水设备和配水管网。当管网中即使有一个喷头喷水，破坏了阀门上下的静止平衡压力，就必须立即开启，任何迟延都会耽误报警的发生。它一般采用止回阀的形式，即只允许水流向管网，不允许水流回水源。其作用一是防止随着供水水源压力波动而启闭，虚发警报；二是管网内水质因长期不流动而腐化变质，如让它流回水源将产生污染。当系统开启时报警阀打开，接通水源和配水管，同时部分水流通过阀座上的环形槽，经过信号管道送至水力警铃，发出音响报警信号。

控制阀的作用：上端连接报警阀，下端连接进水立管，是检修管网及灭火后更换喷头时关闭水源的部件。它应一直保持常开状态，以确保系统使用。

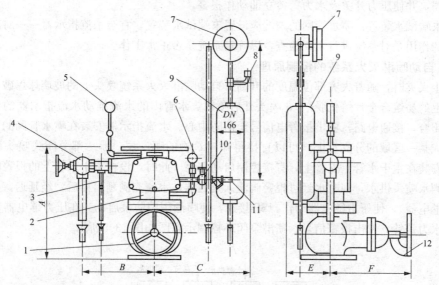

图 13-3　湿式报警阀结构示意图

1—控制阀；2—报警阀；3—试警铃阀；4—放水阀；5、6—压力表；7—水力警铃；
8—压力开关；9—延迟器；10—警铃管阀门；11—滤网；12—软锁

湿式报警阀的分类：有导阀型和隔板座圈形两种。

导阀型湿式报警阀的特点：除主阀芯外，还有一个弹簧承载式导阀，在压力正常波动范围内此导阀是关闭的，在压力波动小时，不致使水流入报警阀而产生误报警，只有在火灾发生时，管网压力迅速下降，水才能不断流入，使喷头出水并由水力警铃报警。

隔板座圈形报警阀的特点：主阀瓣铰接在阀体上，并借自重坐落在阀座上，当阀板上下产生很小的压力差时，阀板就会开启。为了防止由于水源水压波动或管道渗漏而引起的隔板座圈形湿式报警阀的误动作，往往在报警阀和水力警铃之间的信号管上装设延迟器。

湿式报警阀的作用：平时阀芯前后水压相等，水通过导向杆中的水压平衡小孔保持阀板前后水压平衡，由于阀芯的自重和阀芯前后所承受水的总压力不同，阀芯处于关闭状态（阀芯上面的总压力大于阀芯下面的总压力）。发生火灾时，闭式喷头喷水，由于水压平衡小孔来不及补水，报警阀上面的水压下降，此时阀下水压大于阀上水压，于是阀板开启，向洒水管网及洒水喷头供水，同时水沿着报警阀的环形槽进入延迟器、压力继电器及水力警铃等设施，发出火警信号并启动消防水泵等设施。

放水阀的作用：进行检修或更换喷头时放空阀后管网余水。

警铃管阀门的作用：检修报警设备，应处于常开状态。

水力警铃的作用：火灾时报警。水力警铃宜安装在报警阀附近，其连接管的长度不宜超过6m，高度不宜超过2m，以保证驱动水力警铃的水流有一定的水压，并不得安装在受雨淋和曝晒的场所，以免影响其性能。电动报警不得代替水力警铃。

延迟器的作用：它是一个罐式容器，安装在报警阀与水力警铃之间，用于防止由于水源压力突然发生变化而引起报警阀短暂开启，或对因报警阀局部渗漏而进入警铃管道的水流起一个暂时容纳作用，从而避免虚假报警。只有在火灾真正发生时，喷头和报警阀相继打开，水流源源不断地大量流入延迟器，经30s左右充满整个容器，然后冲入水力警铃。

试警铃阀的作用：进行人工试验检查，打开试警铃阀泄水，报警阀能自动打开，水流应迅速充满延迟器，并使压力开关及水力警铃立即动作报警。

（5）末端试水装置：喷水管网的末端应设置末端试水装置，宜与水流指示器一一对应。末端试水装置的作用是对系统进行定期检查，以确定系统是否正常工作。

（二）自动喷淋灭火系统的控制原理

当发生火灾时，随着火灾部位温度的升高，自动喷淋灭火系统喷头上的玻璃球爆破（或易熔合金喷头上的易熔合金片熔化脱落），喷头开启喷水。水管内的水流推动水流指示器的桨片，使其电触头闭合，接通电路，输出报警电信号至消防中心。水流指示器安装在喷水管网的每层水平分支管上或某一区域的分支管上，可以直接得知建筑物的哪一层、哪一部分闭式喷头已开启喷水。也可安装在主干水管上支管上，直接控制启动水泵。此时，设在主干水管上的报警阀被水流冲开，向洒水喷头供水，同时水经过报警阀流入延迟器，水流充满延迟器后，经延迟，又流入压力开关（继电器），使压力继电器动作，SP接通，使喷洒用消防泵启动。在压力继电器动作的同时，启动水力警铃，发出报警信号。喷淋泵闭环控制示意图如图13-4所示。

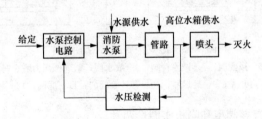

图13-4　喷淋泵闭环控制示意图

（三）自动喷洒消防泵的电气控制

自动喷洒用消防泵受水路系统的压力开关或水流指示（继电）器直接控制，延时启泵，或者由消防中心控制启停泵。

自动喷洒用消防泵一般为两台泵一用一备，互为备用，工作泵故障，备用泵延时自动投入运行的形式。自动喷洒消防泵一用一备电气控制电路如图13-5所示。

发生火灾时，喷洒系统的喷头自动喷水，设在主立管上的压力继电器（或接在防火分区水平干管上的水流继电器）SP接通，其动合触点SP（1a-5）[8]闭合，使通电延时时间继电器KT3 [8]得电吸合。经延时，KT3的延时闭合的动合触点KT3（1a-7）[10]闭合，使中间继电器KA4 [9]和通电延时时间继电器KT4 [10]得电吸合并自锁。若万能转换开关SA置于1号泵用2号泵备的位置，则1号泵的接触器KM1得电吸合，1号泵启动向系统供水。如果此时1号

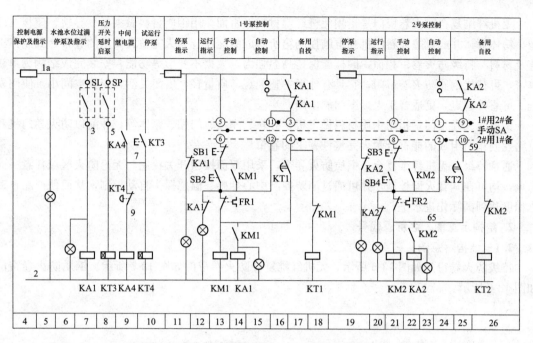

图 13-5　自动喷洒消防泵一用一备电气控制电路

泵故障，接触器 KM1 跳闸，使 2 号泵控制电路中的时间继电器 KT2 得电吸合，经延时，KT2 的延时闭合的动合触点 KT2（65-59）[25] 闭合，KA4 的动合触点 [25] 已闭合，使接触器 KM2 得电吸合，2 号泵作为备用泵启动向自动喷洒系统供水。当水泵作为备用泵运行时，水泵过负荷热继电器不再使接触器跳闸，只发出报警信号。

根据消防规范的规定，火灾时喷洒泵启动运转 1h 后，自动停泵。因此，时间继电器 KT4 的延时时间整定为 1h。KT4 得电吸合 1h 后，其延时断开的动断触点 KT4（7-9）[9] 断开，使中间继电器 KA4 [9] 失电释放。KA4 的动合触点复位，使正在运行的喷洒泵控制电路失电，水泵停止运行。

液位器 SL 安装在水源水池，当水源水池无水时，液位器 SL 的动合触点 SL（1a-3）[7] 闭合，使 KA3 [7] 得电吸合，其在图区 17、25 中的动断触点断开，使 1 号泵、2 号泵自动控制电路失电，水泵停止运转。

13.6.2　防火卷帘门

（一）卷帘门介绍

1. 概述

防火卷帘门是为进一步贯彻落实"以防为主，防消结合"的消防方针而发展起来的建筑防火新型产品，可广泛应用于商场、仓库、厂房、地下车库、饭店、大厦等工程的大空间防火隔断，能阻止火势蔓延，确保生命财产安全，是现代建筑中必不可少的配套产品，防火卷帘门根据耐火等级及材料可分为特级防火卷帘、无机纤维复合防火卷帘、钢质防火卷帘三大类型，其标准应符合最新国标《防火卷帘》（GB 14102—2005）。

特级防火卷帘门是指用无机纤维材料做帘面，用钢质材料做导轨、座板、夹板、门楣、箱体等，并配以防火卷门机和电脑控制箱所组成的能符合耐火完整性，隔热性和防烟性能要求的卷帘。

无机纤维复合防火卷帘门是指用无机纤维材料做帘面，用钢质材料做夹板、导轨、座板、门楣、箱体等，并配以防火卷门机和电脑控制箱所组成的能符合耐火完整性要求的卷帘，其制作工艺及材料与特级防火卷帘相似，同样能保持高温强力，大火不变形等功能，安装完成结构为单轨单帘，可替代钢质防火卷帘门，它具有外形平整美观、质量轻，启闭灵活，安装空间小、使用安全、可靠等特点，更适合于大跨度门洞使用。

钢质防火卷帘门是指用钢质材料做帘板，导轨、座板、门楣、箱体等，并配以防火卷门机和电脑控制箱所组成的能符合耐火完整性要求的卷帘。

通常特级、无机纤维复合、钢质防火卷帘，采用双面按钮开关控制，无论防火区域任意一面失火，均可在其背火面控制，并可通过消防控制中心烟感、温感探头自动控制，从而使产品自动化程度达到国际先进水平。

2. 结构示意图、名称、代号

2.1 结构示意图

特级防火卷帘门如图 13-6 所示。无机纤维复合防火卷帘门如图 13-7 所示。钢质防火卷帘门如图 13-8 所示。

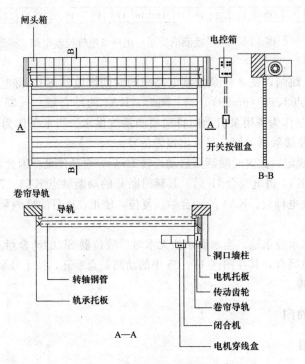

图 13-6　特级防火卷帘门

2.2 名称符号

1) 特级防火卷帘：TFJ。

2) 无机纤维复合防火卷帘：WFJ。

3) 钢质卷帘门：GFJ。

2.3 代号

代号示意图如图 13-9 所示。

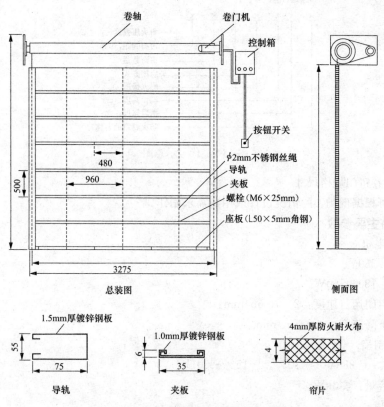

图 13-7　无机纤维复合防火卷帘门

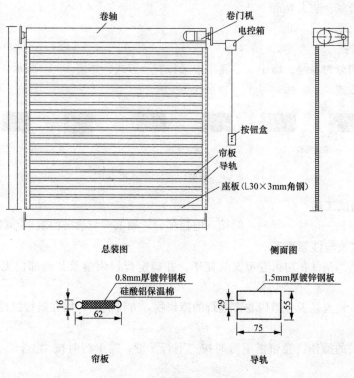

图 13-8　钢质防火卷帘门

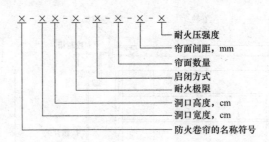

图 13-9　代号示意图

2.4　防火卷帘门规格尺寸

通常厂家可根据现场实际情况设计或用户需求制作。

（二）产品主要参数

1. 防火型电机

（1）电压：380V。

（2）功率：180～750W。

（3）电机启闭运行速度：2～7.5m/min。

（4）自重下降速度：≤9.5m/min。

2. 电脑控制箱

（1）电压：AC 380V（＋10％，－15％）50Hz。

（2）电机容量：≤3kW。

3. 耐火极限

（1）特级防火卷帘≥3h。

（2）无机纤维复合防火卷帘≥3h。

（3）钢质防火卷帘门≥3h。

（三）安装方式

根据建筑结构分为墙侧、墙中、半侧半中三种安装方式，如图 13-10 所示，特殊结构可按现场设计特殊安装方式。

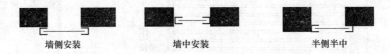

墙侧安装　　　　　　　　墙中安装　　　　　　　　半侧半中

图 13-10　卷帘门安装方式示意图

（四）安装调试工序

端板总成—卷轴—帘片—导轨—门楣—电控部分—调试—与消防控制中心联动。

（五）使用方法与注意事项

（1）使用的基本条件：防火卷帘安装完毕，并确定行程调整及其他部位无误后，方可投入使用。

（2）启闭前应检查是否有阻碍卷帘运行的障碍物，方可启动，如在运行过程中有异常声响应立刻停止运行。

（3）按钮开关的操作：卷帘需下降时按"下行"键，需上行时按"上行"键，需停止时按"停止"键。

（4）人力启闭操作：一般在无电情况下使用，需卷帘下降时，只需拉下电机尾部的离合器拉杆，卷帘就能靠自重缓慢下降，需卷帘上升，拉动手拉链条便可上升。

（5）注意事项：人力启闭和电动不能同时使用，卷帘门启闭时，严禁正下方站人或有其他障碍物。

（六）维护保养

（1）防火卷帘门应经常保持外观清洁，做好防酸、防碱、防潮保护。

（2）每隔半年应启闭检查一次，每隔一年应彻底检修一次。

（3）主要检修及保养部位。

1）传动部位润滑是否良好。

2）电器元件是否老化、松脱。

3）各连接紧固件是否松动。

练习与思考

一、单选题

1. 高层建筑、公共娱乐场所、百货商场等在进行室内装修时应采用的装修材料是（　　）。

    A. 可燃材料　　　　　　　　　　B. 阻燃材料和不燃材料

    C. 易燃材料　　　　　　　　　　D. 钢筋混凝土

2. 手动报警按钮和探测器均是报警器件，准确性更高的是（　　）。

    A. 探测器　　　　　　　　　　　B. 手动报警按钮

    C. 一样　　　　　　　　　　　　D. 取决于它们的智能化程度

3. 下列（　　）灭火剂是扑救精密仪器火灾的最佳选择。

    A. 二氧化碳灭火剂　　　　　　　B. 干粉灭火剂

    C. 泡沫灭火剂　　　　　　　　　D. 沙子

4. 使用燃气灶具时（　　）。

    A. 应先开气阀后点火，即"气等火"

    B. 应先点火后再开气，即"火等气"

    C. 先点火还是先开气阀都无所谓，二者都是正确的

    D. 两者同时进行

5. 火灾初起阶段是扑救火灾（　　）的阶段。

    A. 最不利　　　　B. 最有利　　　　C. 较不利　　　　D. 比较有利

6. 在库房内（　　）放置电视机，收看电视节目。

    A. 可以　　　　　　　　　　　　B. 经过领导批准后可以

    C. 不可以　　　　　　　　　　　D. 视储存物而定

7. 依据《仓库防火安全管理规则》，库房内的照明灯具的垂直下方与储存物品水平间距不得小于（　　）m。

    A. 0.3　　　　　B. 0.4　　　　　C. 0.5　　　　　D. 0.6

8. 架空线路的下方（　　）堆放物品。

    A. 可以　　　　　B. 不可以　　　　C. 经批准后可以　　　D. 距地 2m 可以

9. 《建筑设计防火规范》规定消防车道的宽度不应小于（　　）m。

    A. 3.5　　　　　B. 4.5　　　　　C. 5.5　　　　　D. 6.5

10. 建筑工程施工现场的消防安全由（　　）负责。

A. 建筑单位　　　B. 施工单位　　　　　C. 设计单位　　　　D. 审查单位

11. 下列（　　）物质是点火源。

A. 电火花　　　　B. 纸　　　　　　　C. 空气　　　　　　D. 汽油

12. 单位的消防档案，一般由（　　）部门管理。

A. 行政　　　　　B. 保卫　　　　　　C. 工会　　　　　　D. 办公室

13. 按照国家工程建筑消防技术标准，施工的项目竣工时，（　　）经公安消防机构进行消防验收。

A. 必须　　　　　B. 可以　　　　　　C. 应该　　　　　　D. 不应该

14. 大型油罐应设置（　　）自动灭火系统。

A. 泡沫灭火系统　　　　　　　　　　B. 二氧化碳灭火系统

C. 卤代烷灭火系统　　　　　　　　　D. 喷淋灭火系统

15. 单位在营业期间，下列（　　）做法是错误的。

A. 遮挡消防安全疏散指示标志

B. 在安全出口处设置疏散标志

C. 当营业场所人数过多时，限制进入人数

D. 确保消防设施正常工作

二、多选题

1. 下列属于防火卷帘门所用的电机参数的是（　　）。

A. 电压　　　　　B. 功率　　　　　　C. 电机启闭运行速度　D. 自重下降速度

E. 外观颜色

2. 消防系统从功能上来说分为（　　）功能。

A. 联动　　　　　B. 报警　　　　　　C. 灭火　　　　　　D. 减灾

E. 防爆

3. 星形连接的三相对称交流电路的特点有（　　）。

A. 线电流等于相电流的 $\sqrt{3}$ 倍

B. 线电压等于相电压的 $\sqrt{3}$ 倍

C. 线电流等于相电流

D. 负载中各阻抗大小相等，阻抗角互差 $1200°$

E. 负载中各阻抗大小相等，相位互差 $1200°$

4. 以下属于着火源的物质是（　　）。

A. 电子线路中发热的电阻　　　　　　B. 电器开关时的打火

C. 熔热发红的铁器　　　　　　　　　D. 电焊产生的火花

E. 熄灭的烟头

5. 闭式喷头的特点是（　　）。

A. 结构独特　　　B. 耐腐蚀性强　　　C. 动作灵敏　　　　D. 性能稳定

E. 无毒无害

6. 闭式喷头适用于（　　）等适用水灭火的场合。

A. 高层建筑　　　B. 仓库　　　　　　C. 地下工程　　　　D. 宾馆

E. 档案馆

三、判断题

1. 发现有火灾情况发生时，应马上进行灭火。（　　）

2. 物质的燃点越低、越不容易引起火灾。（　　　）

3. 当单位的安全出口上锁、遮挡，或者占用、堆放物品影响疏散通道畅通时，单位应当责令有关人员当场改正并督促落实。（　　　）

4. 闭式喷头可分为易熔合金式、双金属片式和玻璃球式三种。（　　　）

5. 警铃管阀门的作用是检修报警设备，应处于关闭状态。（　　　）

6. 凡是能引起可燃物着火或爆炸的热源统称为点火源。（　　　）

7. 火灾自动报警系统竣工时，建设单位应完成竣工图及竣工报告。（　　　）

8. 压力开关安装在延迟器与水力警铃之间的信号管道上。（　　　）

9. 湿式报警阀安装在总供水干管上，连接供水设备和配水管网。（　　　）

10. 联动控制盘的 AS 端是输出启动信号。（　　　）

　参考答案

单选题	1. B	2. B	3. A	4. B	5. B	6. C	7. C	8. B	9. A	10. B
	11. A	12. B	13. A	14. A	15. A					
多选题	1. ABCD	2. BCD	3. BCE	4. BCD	5. BCD	6. ABCD				
判断题	1. N	2. N	3. Y	4. Y	5. N	6. Y	7. N	8. Y	9. Y	10. N

任务 14

消防联动系统安装实例应用

该训练任务建议用 3 个学时完成学习及过程考核。

14.1 任务来源

作为消防系统管理人员，只有很好地掌握消防系统设备的安装及功能调试，才能在日常系统管理过程中发挥作用，对于系统运行过程中出现的各种问题才能有结合实践经验的体会，并据此针对问题作出判断和处理。

14.2 任务描述

安装探测器、总线模块及多线联动控制盘现场接口模块，在火灾报警控制器中编辑这些设备，通过联动编程使火警发生后自动启动现场设备。

14.3 目标描述

14.3.1 技能目标

完成本训练任务后，你应当能（够）：

1. 关键技能

- 会探测器的安装及调试。
- 会输入输出模块的安装及调试。
- 会消防联动编程应用。

2. 基本技能

- 设备的基本安装。
- 连接线路的检查与故障排除。

14.3.2 知识目标

完成本训练任务后，你应当能（够）：

- 了解消防通信技术相关知识。
- 熟悉探测器及模块地址编码原理。
- 掌握消防系统常用器件种类名称。

14.3.3 职业素质目标

完成本训练任务后，你应当能（够）：

- 应按照设计要求完成安装项目，不得随意更改系统结构与功能。
- 遵守消防器件信息更改的规则，保持严谨态度。
- 遵守系统操作规范要求，养成严谨科学的工作态度。

14.4　任务实施

14.4.1 活动一　知识准备

下列知识可以由学员自学或老师讲授完成。

（1）输入输出模块分别有哪些接线端子？

（2）总线模块的输出信号如何控制大功率的联动设备？

14.4.2 活动二　示范操作

1. 活动内容

将智能差定温探测器、输入输出模块按要求安装在木板上并设置成相应的工作模式，并与火灾报警控制器进行联动调试。

2. 操作步骤

➡➤ 步骤一：探测器的安装

- 将智能差定温探测器安装在木板上，安装方法如图 14-1 所示。
- 将探测器与火灾报警控制器连接，接线方法如图 14-2 所示。

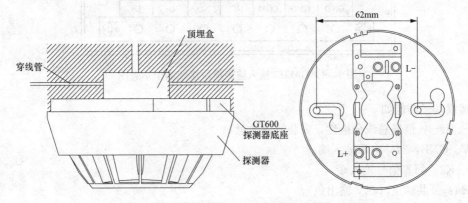

图 14-1　GW601 点型差定温火灾探测器安装示意图

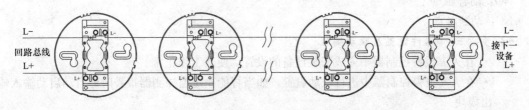

图 14-2　GW601 点型差定温火灾探测器并联接线示意图

步骤二： 输入输出模块的安装

- 将输入输出模块安装在木板上，安装方法如图 14-3 所示。
- 将输入输出模块与火灾报警控制器连接，使用无源常开，回答端具备短路和开路监视功能的模式，接线端子如图 14-4 所示。

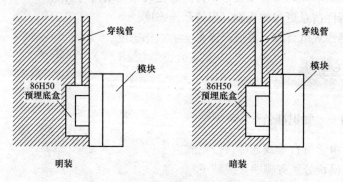

图 14-3　GM613 输入输出模块安装示意图

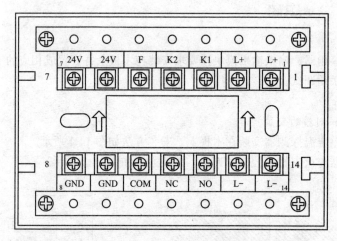

图 14-4　GM613 输入输出模块接线端子示意图

各接线端子功能如下：

L＋、L－：信号总线分极性，安装时请注意。

24V、GND：24V 电源输入端。

K1、K2：回答信号输入端。

COM：公共触点（24V 输出负）。

F：24V 输出正。

NO：动合触点。

NC：动断触点。

步骤三： 器件设置及联动编程

- 在火灾报警控制器中完成安装设备的设置，使其工作正常。
- 在火灾报警控制器中进行联动设置，如当智能差定温探测器报警时即自动启动输入输出模块。

步骤四： 演示操作

触发智能差定温探测器报警，检查设备输出接线及联动功能是否正确。

14.4.3 活动三 能力提升

将输入输出模块设置为有源常开，输出端具备监视短路功能，回答端不具备监视功能的工作模式，并进行相应的设置与接线。教师可围绕关键技能提出其他要求形成更多活动。

14.5 效果评价

评价标准详见附录。

14.6 相关知识与技能

14.6.1 GW601 点型差定温火灾探测器使用说明

1. 特点

JTW-ZOM-GW601 型点型差定温火灾探测器，利用 SMT 工艺进行生产，探测器采用带 A/D 转换的单片机，可并接在国泰公司生产的 G6 系列火灾报警控制器的报警总线上。该产品具有如下特点：

(1) 双灯设计，360°可视。

(2) 采用经过特殊处理的热敏元件，具有较强抗干扰和抗潮湿的能力。

(3) 地址编码由电子编码器直接写入，工程调试简便可靠。

(4) 定温、差定温探测器可由电子编码器任意设置。

(5) 灵敏度可根据现场情况由电子编码器调整设置。

(6) 单片机实时采样处理数据。

(7) 通过控制器浏览曲线跟踪现场情况。

(8) 底座双接线端子，方便接线。

该产品结构新颖、外形美观、性能稳定可靠，特别适用于可能发生无烟火灾、有大量粉尘或正常情况下有烟雾和蒸汽滞留的环境，如室内车库、厨房、锅炉房、茶炉房、发电机房、烘干车间等。

2. 主要技术指标

(1) 工作电压：DC 24V。

(2) 静态电流：≤0.6mA。

(3) 报警电流：≤1.6mA。

(4) 灵敏度：满足二级灵敏度。

(5) 火警灯：红色。

(6) 使用环境：温度 $-10 \sim +50℃$。

(7) 相对湿度：≤95％ （$40 \pm 2℃$）。

(8) 质量：95g。

3. 保护面积

由于建筑结构及通风情况不同，所允许的物质损失程度以及探测器的灵敏度不同等，一个探测器的保护面积会有很大差别。当空间高度小于 8m 时，一个探测器的保护面积，对一般保护现场而言为 $20 \sim 30 m^2$。

4. 编码方式

GW601 点型差定温火灾探测器采用电子编码，可利用 GS601 型电子编码器进行现场编码。编码时将编码器的红色夹子与探测器的"L＋"端相连，黑色夹子与探测器的"L－"端相连，对于感温探测器需要设置以下内容：

（1）地址值设定：1≤写入值≤127。

（2）类型号设定。差定温：1（出厂默认值）；定温：2。

（3）灵敏度设定：本探测器灵敏度值设为"124"。

具体设置步骤和方法请参见《GS601 电子编码器使用说明书》。

5. 结构、安装与布线

GW601 点型差定温火灾探测器外形尺寸如图 14-5 所示。

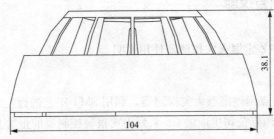

38.1

104

图 14-5 GW601 点型差定温火灾探测器外形尺寸图

601 点型差定温火灾探测器为旋入式固定在 GT600 底座上，GT600 底座安装在预埋盒里或直接固定与于天花板上；安装示意图以及 GT600 的底座固定尺寸如图 14-1 所示。

底座上标"L＋"的一端对应总线的正极 L＋，标"L－"的一端对应总线的负极 L－。

无论正极还是负极，均有两个相连的接线端子，接线时一个端子可以接总线输入，通过另一个端子将总线引到下一个设备，探测器底座接线示意图如图 14-2 所示。

选用截面积≥1.0mm² 的 RVS 双绞线，穿金属管或阻燃管铺设，并且导线应有颜色标识以防接错。

6. 附注

在宽度小于 3m 的内走道顶棚上设置探测器时，宜居中布置，感温探测器的安装间距不应超过 10m；在可能产生阴燃火的场所，不宜选用感温探测器。

14.6.2 GM613 智能输入输出模块使用说明

1. 主要技术指标

（1）工作电压：直流 24V。

（2）工作电流：监视电流≤0.8mA；报警电流≤2.0mA。

（3）动作指示灯：红色；回答指示灯：绿色。

（4）触点容量：2A 30V DC。

（5）1A 125V AC。

（6）使用环境。温度：－10～＋50℃；相对湿度：≤95％（40±2℃）。

（7）外形尺寸：长（100mm）×宽（80mm）×高（34.9mm）。

（8）质量：95g。

2. 模块通用结构与安装尺寸

GM613 智能输入输出模块通用结构与安装尺寸示意图如图 14-6 所示。

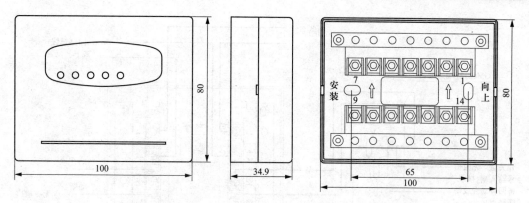

图 14-6　GM613 智能输入输出模块通用结构与安装尺寸示意图

3. 安装与布线

模块底座与上盖之间采用插接方式，可将底座用 φ4 自攻螺钉固定在 86H50 型预埋盒上（见图 14-6），待接好线后再将模块插接在底座上，底座安装时应注意方向，底座上标有安装向上标志（见图 14-6）。

接线端子如图 14-4 所示。

L＋、L－可选用截面积不小于 $1.0mm^2$ 双绞线，DC 24V 电源线应选用截面积满足联动设备电源容量要求的阻燃线，其他线可选用截面积不小于 $1.5mm^2$ 的阻燃线。导线应有颜色标识以防接错。

4. 应用接线举例

输出端、回答端均具备开路和短路监视功能时，有源输出模块接线示意图如图 14-7 所示。回答端具备开路和短路监视功能时，无源输出模块接线示意图如图 14-8 所示。

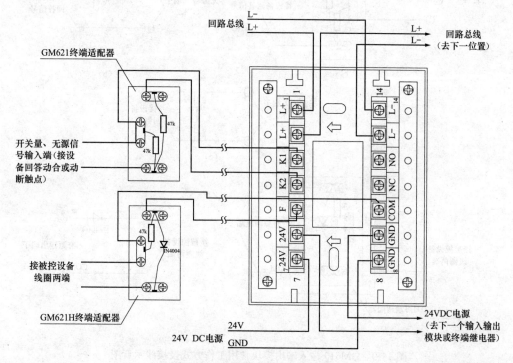

图 14-7　有源输出模块接线示意图

139

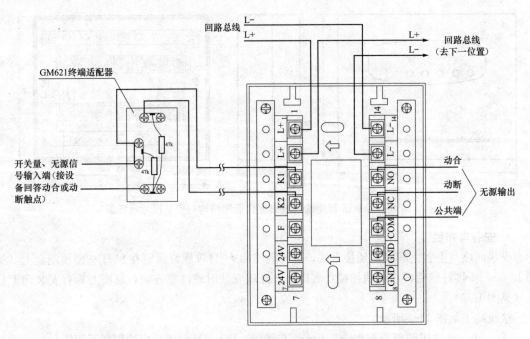

图 14-8　无源输出模块接线示意图

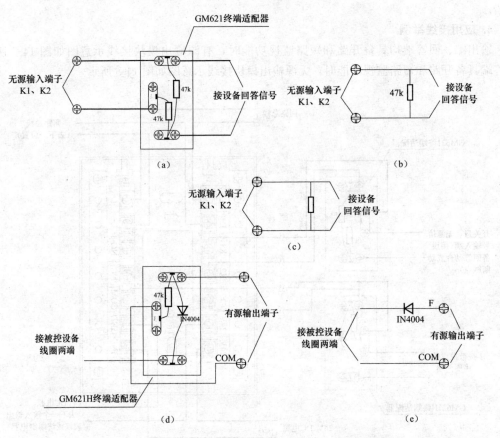

图 14-9　GM613 输入输出模块常用工作方式及接线示意图

附表

灵敏度值	输出端		输出端监视		输入端		输入端监视		回答	电源线	接线
	有源	无源	开路	短路	动合	动断	开路	短路			
120		*			*		*	*	有	不接	接白色适配器见图14-9 (a)
121		*			*		*		有	不接	设备回答端并接一个47k电阻 见图14-9 (b)
122		*			*				有	不接	无需接适配器见图14-9 (c)
123	*		*	*	*				有	接	接红色适配器见图14-9 (c)、(d)
124	*		*	*	*		*		有	接	接红色适配器、47k电阻 见图14-9 (b)、(d)
125	*		*	*	*		*	*	有	接	接白色、红色适配器 见图14-9 (a)、(d)
126	*			*	*				有	接	输出端串接一个IN4004二极管 无需接适配器见图14-9 (c)、(e)
127	*			*	*		*		有	接	输出端串接一个IN4004二极管输入端 并接一个47k电阻见图14-9 (b)、(e)
128	*			*	*		*	*	有	接	输出端串接一个IN4004二极管接 白色适配器见图14-9 (a)、(e)
130		*				*	*	*	有	不接	接白色适配器见图14-9 (a)
131		*				*	*		有	不接	设备回答端并接一个47k电阻 见图14-9 (b)
132		*				*			有	不接	无需接适配器见图14-9 (c)
133	*		*	*		*			有	接	接红色适配器见图14-9 (c)、(d)
134	*		*	*		*	*		有	接	接红色适配器、47k电阻 见图14-9 (b)、(d)
135	*		*	*		*	*	*	有	接	接白色、红色适配器 见图14-9 (a)、(d)
136	*			*		*			有	接	输出端串接一个IN4004二极管 无需接适配器见图14-9 (c)、(e)
137	*			*		*	*		有	接	输出端串接一个IN4004二极管输入端 并接一个47k电阻见图14-9 (b)、(e)
138	*			*		*	*	*	有	接	输出端串接一个IN4004二极管接 白色适配器见图14-9 (a)、(e)
140		*							无	不接	无需接适配器
145	*		*	*					无	接	接红色适配器见图14-9 (d)
146	*			*					无	接	输出端串接一个IN4004二极管 见图14-9 (e)

122＃为出厂默认值。

 练习与思考

一、单选题

1. 水喷淋系统是靠火灾时（   ）升高触发相应传感器，来自动启动喷淋系统的。

A. 烟雾浓度 　　　B. 温度 　　　　　C. 可燃气体浓度 　　　D. 挥发性气体浓度

2. 以下针对室外消防给水管网进水管的说法，正确的是（　　　）。

　　A. 一条 　　　　　B. 两条 　　　　　C. 不少于两条 　　　D. 没有明确规定

3. 室内消防给水管网应（　　　）布置。

　　A. 环状 　　　　　B. 立状 　　　　　C. 水平 　　　　　　D. 交叉

4. 当屋顶有两个消防水箱时，应用联络管将它们连接起来，水箱下部管道应安装（　　　）。

　　A. 球形阀 　　　　B. 闸阀 　　　　　C. 报警阀 　　　　　D. 单向阀

5. 为防止消防车因送水压力过高而损坏室内供水管网，消防管道应装设（　　　）。

　　A. 球形阀 　　　　B. 安全阀 　　　　C. 报警阀 　　　　　D. 单向阀

6. 水喷淋报警系统中，压力开关应安装在（　　　）。

　　A. 横管上 　　　　B. 竖管上 　　　　C. 支管上 　　　　　D. 干管上

7. 消防水池的水量，应保证（　　　）。

　　A. 储存 1h 火灾用水量 　　　　　　　B. 储存 2h 火灾用水量

　　C. 储存 10min 的消防用水量 　　　　D. 储存 20min 的消防用水量

8. 消防管道中安装的节流孔板，起（　　　）作用。

　　A. 减压 　　　　　B. 增压 　　　　　C. 增加流量 　　　　D. 减小流量

9. 雨淋喷水灭火系统中，应选择（　　　）喷头。

　　A. 开式 　　　　　B. 闭式 　　　　　C. 直立式 　　　　　D. 边墙式

10. 火灾报警控制器的（　　　）正常时，控制器才能正常工作。

　　A. 主电 　　　　　B. 备电 　　　　　C. 主电和备电 　　　D. 交流电源

11. 室内消火栓的功能验收应在出水压力符合现行国家有关建筑设计防火规范的条件下，在消防控制室内操作启、停泵（　　　）次。

　　A. 1～2 　　　　　B. 1～3 　　　　　C. 2～3 　　　　　　D. 3～5

12. 消防电梯应进行 1～2 次手动控制和联动控制功能检验，非消防电梯应进行 1～2 次联动返回首层功能检验，其（　　　）、信号均应正常。

　　A. 联动功能 　　　B. 控制功能 　　　C. 联动控制 　　　D. 手动功能

13. 手动报警按钮的设置应符合下列要求（　　　）。

　　A. 每个防火分区设置一个 　　　　　B. 每个报警区域设置一个

　　C. 每个探测区域设置一个 　　　　　D. 每个防烟分区设置一个

14. 手动火灾报警按钮设置在墙上时，其底边距地面高度应为（　　　）。

　　A. 0.5～0.7m 　B. 1.0～1.2m 　　C. 1.3～1.5m 　　D. 1.7～2.0m

15. 管路长度超过（　　　），无弯曲时，应在便于接线处装设接线盒。

　　A. 10m 　　　　　B. 20m 　　　　　C. 30m 　　　　　　D. 40m

二、多选题

1. 对建筑供配电的基本要求有（　　　）。

　　A. 频率要求 　　　B. 电压波动 　　　C. 安全可靠 　　　D. 保证电能质量

　　E. 保证运行经济性

2. 物质在燃烧过程中一般产生下列现象（　　　）。

　　A. 燃烧气体 　　　B. 烟雾 　　　　　C. 热（温）度 　　　D. 火焰

　　E. 灰烬

3. 火灾的发展分为以下几个阶段（　　　）。

消防联动系统安装实例应用

A. 初起阴燃阶段　　B. 气体挥发阶段　　　C. 充分燃烧阶段　　　D. 衰减熄灭阶段

E. 物质分解阶段

4. 火灾自动报警系统施工前，应对（　　）进行现场检查，检查不合格者不得使用。

A. 设备　　　　　　B. 材料　　　　　　C. 配件　　　　　　D. 调试

E. 安装

5. 火灾自动报警系统施工前，应具备（　　）以及消防设备联动逻辑说明等必要的技术文件。

A. 系统图　　　　　B. 设备布置平面图　C. 接线图　　　　　D. 安装图

E. 检测报告

6. 自动喷水灭火系统，应在符合现行国家标准《自动喷水灭火系统设计规范》（GB 50084）的条件下，（　　）等按实际安装数量全部进行检验。

A. 压力开关　　　　B. 电动阀　　　　　C. 电磁阀　　　　　D. 信号阀

E. 气动阀

三、判断题

1. 电气接地螺栓应由制造厂家在未喷涂前焊接每节端部外缘。施工时去掉表面油漆，再进行接地跨接。（　　）

2. 桥架穿墙后必须进行防火封堵，线槽穿墙后可以不进行防火封堵。（　　）

3. 建筑或构筑物均需设置自动喷水灭火系统。（　　）

4. 当用一台报警控制器同时监控多个楼层或防火分区时，可在每个楼层或防火分区设置火灾显示盘以取代区域报警控制器。（　　）

5. 火灾探测报警系统形式的选择应符合控制中心报警系统，宜用于特级和一级保护对象。（　　）

6. 短路隔离器的 OL＋、OL－ 是连接至控制器的端口。（　　）

7. 用电设备将电能转换成其他形式能量（例如光能、热能、机械能）的设备。（　　）

8. 火灾自动报警系统的施工，应按照批准的工程设计文件和施工技术标准进行施工，不得随意更改。确需更改设计时，应由原设计单位负责更改。（　　）

9. 施工过程质量检查应由施工单位人员完成。（　　）

10. 火灾自动报警系统施工过程结束后，施工方应对系统的安装质量进行半数检查。（　　）

参考答案

单选题	1. B	2. C	3. A	4. D	5. B	6. D	7. A	8. A	9. A	10. C
	11. B	12. B	13. A	14. C	15. C					
多选题	1. CDE	2. ABCD	3. ACD	4. ABC	5. ABCD	6. ABC				
判断题	1. Y	2. N	3. N	4. Y	5. Y	6. N	7. Y	8. Y	9. Y	10. N

附录 A 训练任务评分标准表

任务 1 火灾自动报警系统探测器、报警器、功能模块及控制器的连接、设置与调试

评 价 标 准

评价项目	评价内容	配分	完成情况	得分	合计	评价标准
技能 目标 （60分）	1. 知识准备考核合格	15	会□/不会□			1. 单项技能目标"会"该项得满分，"不会"该项不得分 2. 全部技能目标均为"会"记为"完成"，否则，记为"未完成"
	2. 能绘制控制器与探测器、报警器、功能模块及控制器的连接线路图	15	会□/不会□			
	3. 会探测器、报警器、功能模块及控制器的拆卸与安装	15	会□/不会□			
	4. 会根据连接线路图组建火灾自动报警系统	15	会□/不会□			
任务完成情况		完成□/未完成□				
任务完成质量（40分）	1. 工艺或操作熟练程度（20分）					1. 任务"未完成"此项不得分 2. 任务"完成"，根据完成情况打分
	2. 工作效率或完成任务速度（20分）					
安全 文明 操作	1. 安全生产 2. 职业道德 3. 职业规范					1. 违反纪律，视情况扣5～45分 2. 发生设备安全事故，扣45分 3. 发生人身安全事故，扣50分 4. 实训结束后未整理实训现场扣5～10分
评价结果						

任务 2 消防喷淋灭火系统、气体灭火系统、防火卷帘门
综合应用组网、远程编程与调试

评 价 标 准

评价项目	评价内容	配分	完成情况	得分	合计	评价标准
技能 目标 （60分）	1. 知识准备考核合格	15	会□/不会□			1. 单项技能目标"会"该项得满分，"不会"该项不得分 2. 全部技能目标均为"会"记为"完成"，否则，记为"未完成"
	2. 会消防喷淋灭火系统的远程联动编程与调试	15	会□/不会□			
	3. 会气体灭火系统的远程联动编程与调试	15	会□/不会□			
	4. 会防火卷帘门的远程联动编程与调试	15	会□/不会□			
任务完成情况		完成□/未完成□				
任务完成质量（40分）	1. 工艺或操作熟练程度（20分）					1. 任务"未完成"此项不得分 2. 任务"完成"，根据完成情况打分
	2. 工作效率或完成任务速度（20分）					
安全 文明 操作	1. 安全生产 2. 职业道德 3. 职业规范					1. 违反纪律，视情况扣5～45分 2. 发生设备安全事故，扣45分 3. 发生人身安全事故，扣50分 4. 实训结束后未整理实训现场扣5～10分
评价结果						

任务3　火灾自动报警系统故障线路和探测器的检查与更换

评 价 标 准

评价项目	评价内容	配分	完成情况	得分	合计	评价标准
技能目标（60分）	1. 知识准备考核合格	15	会□/不会□			1. 单项技能目标"会"该项得满分，"不会"该项不得分 2. 全部技能目标均为"会"记为"完成"，否则，记为"未完成"
	2. 会利用电子编码器对总线设备编码	15	会□/不会□			
	3. 能对探测器进行检测和故障判断	15	会□/不会□			
	4. 会处理故障线路或更换探测器	15	会□/不会□			
任务完成情况		完成□/未完成□				
任务完成质量（40分）	1. 工艺或操作熟练程度（20分）					1. 任务"未完成"此项不得分 2. 任务"完成"，根据完成情况打分
	2. 工作效率或完成任务速度（20分）					
安全文明操作	1. 安全生产 2. 职业道德 3. 职业规范					1. 违反纪律，视情况扣5～45分 2. 发生设备安全事故，扣45分 3. 发生人身安全事故，扣50分 4. 实训结束后未整理实训现场扣5～10分
评价结果						

任务4　火灾消防自动化系统的故障信息查询与维护

评 价 标 准

评价项目	评价内容	配分	完成情况	得分	合计	评价标准
技能目标（60分）	1. 知识准备考核合格	15	会□/不会□			1. 单项技能目标"会"该项得满分，"不会"该项不得分 2. 全部技能目标均为"会"记为"完成"，否则，记为"未完成"
	2. 会排除系统及电源故障	15	会□/不会□			
	3. 会排除线路故障	15	会□/不会□			
	4. 会排除设备故障	15	会□/不会□			
任务完成情况		完成□/未完成□				
任务完成质量（40分）	1. 工艺或操作熟练程度（20分）					1. 任务"未完成"此项不得分 2. 任务"完成"，根据完成情况打分
	2. 工作效率或完成任务速度（20分）					
安全文明操作	1. 安全生产 2. 职业道德 3. 职业规范					1. 违反纪律，视情况扣5～45分 2. 发生设备安全事故，扣45分 3. 发生人身安全事故，扣50分 4. 实训结束后未整理实训现场扣5～10分
评价结果						

任务5 火灾事故的广播及电话系统检测与维护

评 价 标 准

评价项目	评价内容	配分	完成情况	得分	合计	评价标准
技能 目标 （60分）	1. 知识准备考核合格	15	会□/不会□			1. 单项技能目标"会"该项得满分，"不会"该项不得分 2. 全部技能目标均为"会"记为"完成"，否则，记为"未完成"
	2. 会消防广播故障检测与维护	15	会□/不会□			
	3. 会消防电话故障检测与维护	15	会□/不会□			
	4. 会消防广播和消防电话设备的检测与更换	15	会□/不会□			
任务完成情况			完成□/未完成□			
任务完成质量（40分）	1. 工艺或操作熟练程度（20分）					1. 任务"未完成"此项不得分 2. 任务"完成"，根据完成情况打分
	2. 工作效率或完成任务速度（20分）					
安全 文明 操作	1. 安全生产 2. 职业道德 3. 职业规范					1. 违反纪律，视情况扣5~45分 2. 发生设备安全事故，扣45分 3. 发生人身安全事故，扣50分 4. 实训结束后未整理实训现场扣5~10分
评价结果						

任务6 消防设备定期检测与试验操作

评 价 标 准

评价项目	评价内容	配分	完成情况	得分	合计	评价标准
技能 目标 （60分）	1. 知识准备考核合格	15	会□/不会□			1. 单项技能目标"会"该项得满分，"不会"该项不得分 2. 全部技能目标均为"会"记为"完成"，否则，记为"未完成"
	2. 会消防设备定期检测	15	会□/不会□			
	3. 会检测探测器	15	会□/不会□			
	4. 会检测并联动控制消防喷淋系统、防火卷帘门和气体灭火装置	15	会□/不会□			
任务完成情况			完成□/未完成□			
任务完成质量（40分）	1. 工艺或操作熟练程度（20分）					1. 任务"未完成"此项不得分 2. 任务"完成"，根据完成情况打分
	2. 工作效率或完成任务速度（20分）					
安全 文明 操作	1. 安全生产 2. 职业道德 3. 职业规范					1. 违反纪律，视情况扣5~45分 2. 发生设备安全事故，扣45分 3. 发生人身安全事故，扣50分 4. 实训结束后未整理实训现场扣5~10分
评价结果						

任务7　消防监控软件（网络版）的联机通信与基本操作

评　价　标　准

评价项目	评价内容	配分	完成情况	得分	合计	评价标准
技能 目标 （60分）	1. 知识准备考核合格	15	会□/不会□			1. 单项技能目标"会"该项得满分，"不会"该项不得分 2. 全部技能目标均为"会"记为"完成"，否则，记为"未完成"
	2. 会消防监控软件的通信线连接	15	会□/不会□			
	3. 会消防监控软件的通信端口设置	15	会□/不会□			
	4. 会在监控软件中编辑某一个设备的信息及启动某一个现场设备	15	会□/不会□			
任务完成情况		完成□/未完成□				
任务完成质量（40分）	1. 工艺或操作熟练程度（20分）					1. 任务"未完成"此项不得分 2. 任务"完成"，根据完成情况打分
	2. 工作效率或完成任务速度（20分）					
安全 文明 操作	1. 安全生产 2. 职业道德 3. 职业规范					1. 违反纪律，视情况扣5～45分 2. 发生设备安全事故，扣45分 3. 发生人身安全事故，扣50分 4. 实训结束后未整理实训现场扣5～10分
评价结果						

任务8　消防监控软件（网络版）的联动控制编程与联机控制

评　价　标　准

评价项目	评价内容	配分	完成情况	得分	合计	评价标准
技能 目标 （60分）	1. 知识准备考核合格	15	会□/不会□			1. 单项技能目标"会"该项得满分，"不会"该项不得分 2. 全部技能目标均为"会"记为"完成"，否则，记为"未完成"
	2. 会通过编程软件实现声光警报联动编程	15	会□/不会□			
	3. 会通过编程软件实现消防广播联动编程	15	会□/不会□			
	4. 会通过编程软件实现喷淋泵联动编程	15	会□/不会□			
任务完成情况		完成□/未完成□				
任务完成质量（40分）	1. 工艺或操作熟练程度（20分）					1. 任务"未完成"此项不得分 2. 任务"完成"，根据完成情况打分
	2. 工作效率或完成任务速度（20分）					
安全 文明 操作	1. 安全生产 2. 职业道德 3. 职业规范					1. 违反纪律，视情况扣5～45分 2. 发生设备安全事故，扣45分 3. 发生人身安全事故，扣50分 4. 实训结束后未整理实训现场扣5～10分
评价结果						

任务9 火灾自动报警及消防联动系统的设备故障诊断与维护

评 价 标 准

评价项目	评价内容	配分	完成情况	得分	合计	评价标准
技能目标（60分）	1. 知识准备考核合格	15	会□/不会□			1. 单项技能目标"会"该项得满分，"不会"该项不得分 2. 全部技能目标均为"会"记为"完成"，否则，记为"未完成"
	2. 能消防喷淋灭火系统故障诊断与维护	15	会□/不会□			
	3. 会气体灭火系统故障诊断与维护	15	会□/不会□			
	4. 会防火卷帘门故障诊断与维护	15	会□/不会□			
任务完成情况		完成□/未完成□				
任务完成质量（40分）	1. 工艺或操作熟练程度（20分）					1. 任务"未完成"此项不得分 2. 任务"完成"，根据完成情况打分
	2. 工作效率或完成任务速度（20分）					
安全文明操作	1. 安全生产 2. 职业道德 3. 职业规范					1. 违反纪律，视情况扣5~45分 2. 发生设备安全事故，扣45分 3. 发生人身安全事故，扣50分 4. 实训结束后未整理实训现场扣5~10分
评价结果						

任务10 火灾自动报警及消防联动系统值机记录检查与分析

评 价 标 准

评价项目	评价内容	配分	完成情况	得分	合计	评价标准
技能目标（60分）	1. 知识准备考核合格	15	会□/不会□			1. 单项技能目标"会"该项得满分，"不会"该项不得分 2. 全部技能目标均为"会"记为"完成"，否则，记为"未完成"
	2. 会检查值机记录	15	会□/不会□			
	3. 会分析消防系统存在的问题	15	会□/不会□			
	4. 能处理消防系统运行中存在的问题	15	会□/不会□			
任务完成情况		完成□/未完成□				
任务完成质量（40分）	1. 工艺或操作熟练程度（20分）					1. 任务"未完成"此项不得分 2. 任务"完成"，根据完成情况打分
	2. 工作效率或完成任务速度（20分）					
安全文明操作	1. 安全生产 2. 职业道德 3. 职业规范					1. 违反纪律，视情况扣5~45分 2. 发生设备安全事故，扣45分 3. 发生人身安全事故，扣50分 4. 实训结束后未整理实训现场扣5~10分
评价结果						

任务 11 消防控制中心的管理制度与应急预案分析与修订

评 价 标 准

评价项目	评价内容	配分	完成情况	得分	合计	评价标准
技能目标（60分）	1. 知识准备考核合格	15	会□/不会□			1. 单项技能目标"会"该项得满分，"不会"该项不得分 2. 全部技能目标均为"会"记为"完成"，否则，记为"未完成"
	2. 能分析消防控制中心管理制度与应急预案	15	会□/不会□			
	3. 会修订消防控制中心管理制度	15	会□/不会□			
	4. 会修订消防控制中心应急预案	15	会□/不会□			
任务完成情况			完成□/未完成□			
任务完成质量（40分）	1. 工艺或操作熟练程度（20分）					1. 任务"未完成"此项不得分 2. 任务"完成"，根据完成情况打分
	2. 工作效率或完成任务速度（20分）					
安全文明操作	1. 安全生产 2. 职业道德 3. 职业规范					1. 违反纪律，视情况扣5～45分 2. 发生设备安全事故，扣45分 3. 发生人身安全事故，扣50分 4. 实训结束后未整理实训现场扣5～10分
评价结果						

任务 12 火灾自动报警系统图绘制与验证

评 价 标 准

评价项目	评价内容	配分	完成情况	得分	合计	评价标准
技能目标（60分）	1. 知识准备考核合格	15	会□/不会□			1. 单项技能目标"会"该项得满分，"不会"该项不得分 2. 全部技能目标均为"会"记为"完成"，否则，记为"未完成"
	2. 能解读自动报警系统图	15	会□/不会□			
	3. 会绘制探测器、报警器、功能模块系统图	15	会□/不会□			
	4. 能组建火灾自动报警验证操作	15	会□/不会□			
任务完成情况			完成□/未完成□			
任务完成质量（40分）	1. 工艺或操作熟练程度（20分）					1. 任务"未完成"此项不得分 2. 任务"完成"，根据完成情况打分
	2. 工作效率或完成任务速度（20分）					
安全文明操作	1. 安全生产 2. 职业道德 3. 职业规范					1. 违反纪律，视情况扣5～45分 2. 发生设备安全事故，扣45分 3. 发生人身安全事故，扣50分 4. 实训结束后未整理实训现场扣5～10分
评价结果						

任务 13　消防联动系统设备的系统图绘制与验证

评 价 标 准

评价项目	评价内容	配分	完成情况	得分	合计	评价标准
技能目标（60分）	1. 知识准备考核合格	15	会□/不会□			1. 单项技能目标"会"该项得满分，"不会"该项不得分 2. 全部技能目标均为"会"记为"完成"，否则，记为"未完成"
	2. 能绘制卷帘门系统图并验证	15	会□/不会□			
	3. 会绘制自动喷淋灭火系统图并验证	15	会□/不会□			
	4. 能绘制气体灭火系统图并验证	15	会□/不会□			
任务完成情况		完成□/未完成□				
任务完成质量（40分）	1. 工艺或操作熟练程度（20分）					1. 任务"未完成"此项不得分 2. 任务"完成"，根据完成情况打分
	2. 工作效率或完成任务速度（20分）					
安全文明操作	1. 安全生产 2. 职业道德 3. 职业规范					1. 违反纪律，视情况扣5~45分 2. 发生设备安全事故，扣45分 3. 发生人身安全事故，扣50分 4. 实训结束后未整理实训现场扣5~10分
评价结果						

任务 14　消防联动系统安装实例应用

评 价 标 准

评价项目	评价内容	配分	完成情况	得分	合计	评价标准
技能目标（60分）	1. 知识准备考核合格	15	会□/不会□			1. 单项技能目标"会"该项得满分，"不会"该项不得分 2. 全部技能目标均为"会"记为"完成"，否则，记为"未完成"
	2. 会探测器的安装及调试	15	会□/不会□			
	3. 会输入输出模块的安装及调试	15	会□/不会□			
	4. 会消防联动编程应用	15	会□/不会□			
任务完成情况		完成□/未完成□				
任务完成质量（40分）	1. 工艺或操作熟练程度（20分）					1. 任务"未完成"此项不得分 2. 任务"完成"，根据完成情况打分
	2. 工作效率或完成任务速度（20分）					
安全文明操作	1. 安全生产 2. 职业道德 3. 职业规范					1. 违反纪律，视情况扣5~45分 2. 发生设备安全事故，扣45分 3. 发生人身安全事故，扣50分 4. 实训结束后未整理实训现场扣5~10分
评价结果